TERYIMA JUDE NYOR
DORCAS NYOR

Otimizar o negócio da aquicultura

TERYIMA JUDE NYOR
DORCAS NYOR

Otimizar o negócio da aquicultura

O impacto da polpa de limão seca no crescimento e eficiência de alevins de peixe-gato africano (Clarias gariepinus)

ScienciaScripts

Imprint

Cover image: www.ingimage.com

This book is a translation from the original published under ISBN 978-620-8-41503-7.

Publisher:
Sciencia Scripts
is a trademark of
Dodo Books Indian Ocean Ltd. and OmniScriptum S.R.L publishing group

120 High Road, East Finchley, London, N2 9ED, United Kingdom
Str. Armeneasca 28/1, office 1, Chisinau MD-2012, Republic of Moldova, Europe
Managing Directors: Ieva Konstantinova, Victoria Ursu
info@omniscriptum.com

Printed at: see last page
ISBN: 978-620-8-50011-5

Teryima Jude Nyor

Dorcas Nyor

Otimização do negócio da aquacultura: O impacto da polpa de limão seca no crescimento e eficiência dos alevins de peixe-gato africano (*Clarias Gariepinus)*

Otimização do negócio da aquacultura: O impacto da polpa de limão seca no crescimento e eficiência dos alevins de peixe-gato africano (*Clarias Gariepinus)*

T. J. Nyor, e D.

Doo Agro Investment Ltd, Plot BNE 967, Site and Services, Makurdi-Nigéria

Autor correspondente: nyorjude@gmail.com

Resumo

Este estudo investiga o potencial da incorporação de polpa de limão seca (DLP) como ingrediente alimentar alternativo na dieta de alevins de peixe-gato africano (*Clarias gariepinus*) para melhorar o desempenho do crescimento e a eficiência alimentar. O elevado custo dos alimentos convencionais para peixes em aquacultura exige a exploração de alternativas sustentáveis e económicas. O DLP, um subproduto do processamento de citrinos, é rico em fibras, vitaminas e compostos bioactivos, o que o torna um candidato promissor para a formulação de rações para peixes. Foi realizado um ensaio alimentar de 8 semanas com 160 alevins, distribuídos aleatoriamente por quatro dietas experimentais contendo 0% (controlo), 2%, 4% e 6% de níveis de inclusão de DLP. Foram medidos os índices de desempenho do crescimento, incluindo o ganho de peso, a taxa de crescimento específico (SGR), o rácio de conversão alimentar (FCR) e a taxa de sobrevivência. Foi utilizada a análise de variância para analisar os dados. Os resultados mostraram que não há diferença significativa no ganho de peso, SGR e FCR entre as quatro dietas. Este estudo demonstra que o DLP pode ser um ingrediente alimentar alternativo eficaz e sustentável, reduzindo os custos da alimentação enquanto mantém um crescimento e eficiência óptimos na aquacultura do peixe-gato africano. Recomenda-se mais investigação para explorar os impactos a longo prazo e a inclusão a alto nível de DLP e o uso de outros subprodutos agrícolas em rações aquáticas.

Palavras chave: Polpa de limão seca, alimento não convencional, nutrição, aquacultura

Índice

1.0 Introdução 5

2.0 Revisão da literatura 16

3.0 Materiais e métodos 90

4.0 Resultados e discussão 95

Conclusão 106

Referências 107

1.0 Introdução

1.1 Informações gerais

A utilização de subprodutos agrícolas em aquacultura tem ganho uma atenção significativa devido à sua relação custo-eficácia e benefícios ambientais. Entre esses subprodutos, a polpa seca de limão (DLP) surgiu como um ingrediente promissor para a alimentação de peixes. A polpa seca de limão é um resíduo obtido após a extração do sumo do limão e inclui cascas, sementes e polpa, que são ricas em fibras, óleos essenciais e compostos bioactivos como os flavonóides e o limoneno. Esses componentes fazem da DLP uma fonte potencial de energia e nutrientes em rações aquáticas (Agbabiaka et al., 2013).

A polpa seca de limão é um subproduto obtido a partir da extração do sumo de citrinos, que inclui uma mistura de casca, polpa e sementes de citrinos como subproduto energético concentrado para a alimentação animal (Arthington *et al.* 2002). Arthington e Pate (2001) estimaram que os resíduos da alimentação com polpa húmida de citrinos podem atingir os 30%. Embora seja muito palatável, é tipicamente antieconómico alimentar com polpa húmida devido ao aumento dos custos de transporte (Kunkle *et al.* 2001).

Atualmente, a polpa de limão seca é utilizada como ingrediente na porção concentrada de produtos lácteos para o gado. Também é utilizada como um ingrediente barato para melhorar o desempenho dos animais e para reduzir o custo de produção de alimentos para animais. A polpa de limão seca é uma boa fonte de cálcio, mas muito pobre em fósforo e caroteno. Com base nos dados, a polpa de limão seca ou peletizada é um dos alimentos energéticos mais desejáveis e pode ser considerada nos programas de alimentação como um alimento com elevado teor de nutrientes digeríveis totais, com uma média de cerca de 74%. A PC fresca ou desidratada é utilizada principalmente na alimentação animal (Lanza *et al.* 2001).

A polpa de limão seca contém uma quantidade considerável de hidratos de carbono, níveis moderados de proteínas e vestígios de minerais como o cálcio, o fósforo e o potássio. Estes nutrientes apoiam o crescimento e a saúde dos peixes, particularmente das espécies herbívoras e omnívoras. Além disso, o teor de fibra na DLP aumenta a eficiência digestiva e promove a saúde intestinal dos peixes (Alvarez-Gonzalez et al., 2020).

A polpa de limão é utilizada como substituto dos cereais na alimentação animal, devido ao seu elevado teor energético e à sua boa digestibilidade nas espécies ruminantes. A polpa fresca é frequentemente utilizada localmente para alimentar os animais. A polpa fresca de citrinos tem uma acidez natural, mas continua a ser um produto perecível devido ao seu elevado teor de água e açúcares solúveis. Pode azedar rapidamente, fermentar e libertar lamas perigosas para o ambiente. Se for bem armazenada na ausência de ar, a polpa fresca de limão pode ser preservada por ensilagem num tratamento alcalino, como a amonização. Grande parte da polpa é seca e exportada para todo o mundo (Crawshaw, 2004). É mais fácil de transportar e gerir e pode ser armazenada durante todo o ano. Tem um valor nutritivo mais elevado do que a polpa fresca (Arthington *et al.*, 2002; Tripodo *et al.*, 2008). A polpa seca de limão é frequentemente peletizada, o que quase duplica a sua densidade aparente (até 300 kg/m3), melhora a sua eficiência de manuseamento, reduz a poeira e diminui a aglomeração nos silos de armazenamento e nos auto-alimentadores (Arthington *et al.*, 2002).

Os compostos bioactivos da polpa de limão, incluindo o limoneno e outros flavonóides, apresentam propriedades antioxidantes e antimicrobianas. Estas propriedades ajudam a aumentar a resposta imunitária nos peixes, reduzindo a incidência de doenças e melhorando a produtividade global nos sistemas de aquacultura (Zahran et al., 2018).

A incorporação de DLP na alimentação dos peixes também contribui para a sustentabilidade ambiental. Ajuda a reduzir os resíduos agrícolas e, ao mesmo tempo, diminui a procura de ingredientes convencionais para a alimentação animal, como a farinha de soja e a farinha de peixe, cuja produção é frequentemente dispendiosa e onerosa para o ambiente (NRC, 2011). Além disso, o uso de subprodutos como o DLP pode reduzir os custos de alimentação para os piscicultores, melhorando assim a rentabilidade das operações de aquicultura (Saleh et al., 2017).

A investigação indica que os peixes alimentados com dietas contendo polpa de limão seca apresentam um desempenho de crescimento comparável ao dos peixes alimentados com dietas convencionais, dependendo da taxa de inclusão. Por exemplo, estudos sobre a tilápia do Nilo (Oreochromis niloticus) mostraram que a DLP pode substituir até 20% dos ingredientes tradicionais da ração sem afetar negativamente o crescimento e as taxas de conversão alimentar (Hassaan et al., 2021). No entanto, alguns académicos argumentaram que a inclusão excessiva pode levar a uma redução da palatabilidade e da ingestão de alimentos devido ao elevado teor de fibras. É à luz do acima exposto que este estudo procurou investigar o efeito da inclusão de polpa de limão no desempenho de crescimento de *clarias gariepinus*

1.2 Declaração do problema

O aumento do custo dos ingredientes convencionais para a alimentação de peixes, como a farinha de peixe e o farelo de soja, representa um desafio significativo para a sustentabilidade e a rentabilidade da aquicultura. A farinha de peixe, uma fonte primária de proteína nas dietas dos peixes, não é apenas cara, mas também sujeita a disponibilidade flutuante devido à sobrepesca e à concorrência de outras indústrias (Tacon & Metian, 2015). Esta situação levou à procura de ingredientes alternativos, eficazes em termos de custos e sustentáveis. Os subprodutos agrícolas, como a polpa de limão seca (DLP), têm sido propostos como substitutos viáveis.

A polpa seca de limão, um subproduto da indústria de sumo de citrinos, está disponível em abundância e é frequentemente subutilizada, levando à poluição ambiental. Estudos sugerem que a DLP contém nutrientes essenciais e compostos bioactivos benéficos para o crescimento e a saúde dos peixes

(Agbabiaka et al., 2013). No entanto, o seu elevado teor de fibras e a presença de factores anti-nutricionais, como o limoneno, podem limitar a sua inclusão em dietas para peixes (Hassaan et al., 2021). Além disso, há informações limitadas sobre os níveis ideais de inclusão de DLP em dietas de alevinos para maximizar o desempenho do crescimento e a utilização da ração sem comprometer a saúde ou a palatabilidade.

Além disso, a maioria dos estudos existentes centra-se nos peixes adultos ou nas fases de crescimento, deixando uma lacuna de conhecimento relativamente aos seus efeitos nos alevins. Os alevinos representam uma fase crítica na aquacultura, onde uma nutrição adequada tem um impacto significativo na sobrevivência, crescimento e subsequente eficiência da produção (El-Sayed, 2020). Compreender o potencial da DLP na alimentação de alevinos é essencial para enfrentar os desafios duplos de altos custos de alimentação e sustentabilidade ambiental na aquicultura.

Orire e Ricketts (2013) afirmaram que o sucesso da aquicultura depende em grande parte da capacidade dos piscicultores de formular dietas nutricionalmente equilibradas que satisfaçam as necessidades nutricionais das suas espécies cultivadas a um custo mais baixo. A produção de alimentos de qualidade para peixes é considerada um fator crítico na aquacultura, uma vez que assegura a eficiência do crescimento, a qualidade da carne e a utilização dos alimentos (Tsevis & Azzaydi, 2000). As necessidades em nutrientes das espécies de peixes diferem; por isso é necessário que os piscicultores conheçam a história nutricional das suas espécies preferidas para poderem formular uma dieta nutricionalmente equilibrada que assegure um crescimento ótimo (Steven & Louis, 2002). A natureza cara da maioria dos alimentos convencionais é o maior desafio enfrentado pelos piscicultores locais (Abowei & Ekubo, 2011). Ogunlande (2007) referiu que a elevada procura de ingredientes convencionais para alimentação animal por outros sectores e também para consumo humano contribuiu para a natureza cara e competitiva destes ingredientes convencionais. Gabriel, Akinrotimi, Bekibele, Onunkwo e Anyanwu (2007) referiram que a alimentação dos peixes representa 50-60% da produção aquícola, pelo que se tornou necessário procurar alimentos baratos e disponíveis localmente que possam servir de alimento energético alternativo para os peixes. A mudança de paradigma tem como objetivo reduzir os custos de produção sem comprometer a qualidade da alimentação (Houlihan, Bouiard, & Jobling, 2001).

Os resíduos, como a casca, a carapaça, o dorso, etc., provenientes da maioria dos produtos agrícolas, foram identificados como resíduos e constituem um perigo para o ambiente. Orire e Ricketts (2013) referiram que estes resíduos podem ser utilizados eficazmente como ingredientes de rações para peixes e animais. Verificou-se que a maioria destes resíduos de culturas contém uma boa quantidade de fibras, cinzas, lípidos e proteínas (Obi, Kolo & Orire, 2011; Orire, & Ricketts, 2013).

Por conseguinte, este estudo procura avaliar a utilização de polpa de limão seca como componente da dieta dos alevins de peixe-gato africano, concentrando-se nos seus efeitos no desempenho do crescimento, na eficiência alimentar e na saúde. Os resultados fornecerão informações sobre a viabilidade da utilização da DLP como uma alternativa sustentável e económica na piscicultura.

1.3 Objetivo do estudo

O principal objetivo do estudo foi investigar o efeito da farinha de polpa de limão no crescimento de juvenis *de Clarias gariepinus*. Especificamente, o estudo procurou

1. Investigar o efeito de dietas com inclusão de polpa de limão seca no desempenho de alevins *de Clarias gariepinus*
2. Determinar a composição proximal da polpa de limão

1.4 Declaração da hipótese

Com base no objetivo 1, foi formulada e testada uma hipótese nula:

H_{O1}: a inclusão de polpa de limão seca na dieta de alevins *de Clarias gariepinus* não tem efeitos significativos no seu desempenho em termos de crescimento, no rácio de conversão alimentar e nas taxas de sobrevivência

1.5 Justificação

A aquacultura é um dos sectores de crescimento mais rápido na produção de alimentos, mas a sua expansão é limitada pelo elevado custo e disponibilidade limitada de ingredientes convencionais para rações, como a farinha de peixe e o farelo de soja. Estes ingredientes são responsáveis por mais de 50% dos custos de produção em aquacultura, tornando o desenvolvimento de rações uma área crítica de investigação (Tacon & Metian, 2015). A identificação de ingredientes alternativos, rentáveis e sustentáveis para a alimentação animal é essencial para aumentar a viabilidade económica e a sustentabilidade ambiental da piscicultura.

A polpa seca de limão (DLP), um subproduto da indústria de processamento de citrinos, constitui uma alternativa promissora. Está disponível em abundância, particularmente em regiões com produção significativa de citrinos , e é frequentemente descartada como resíduo, contribuindo para a poluição ambiental. A utilização de DLP na alimentação de peixes poderia reduzir os custos da alimentação e fornecer uma solução ecológica para a gestão de subprodutos cítricos (Saleh et al., 2017).

Em termos de valor nutricional, a DLP contém hidratos de carbono, fibras e compostos bioactivos, como o limoneno e os flavonóides, que possuem propriedades antioxidantes e antimicrobianas. Estes compostos podem melhorar a saúde dos peixes, reforçando o sistema imunitário e reduzindo a incidência de doenças (Zahran et al., 2018). Além disso, o teor de fibra no DLP pode melhorar a saúde intestinal e a utilização de alimentos, particularmente em espécies de peixes omnívoros e herbívoros (Alvarez-Gonzalez et al., 2020).

O estudo centra-se nos alevins porque esta fase de crescimento é crucial para a produtividade global dos sistemas de aquacultura. Uma nutrição adequada durante a fase de alevins afecta diretamente a sobrevivência, as taxas de crescimento e a eficiência alimentar (El-Sayed, 2020). Apesar dos potenciais benefícios da DLP, foram realizados poucos estudos para avaliar o seu impacto no desempenho dos alevins, incluindo os níveis ideais de inclusão nas dietas.

Ao explorar a viabilidade da incorporação de polpa de limão seca em rações para alevins, este estudo visa contribuir para o desenvolvimento de rações aquáticas sustentáveis e económicas. Os resultados beneficiarão os piscicultores, reduzindo os custos das rações e melhorando o crescimento e a saúde dos peixes, ao mesmo tempo que promovem a utilização sustentável de subprodutos agrícolas.

Com o elevado custo e a escassez de alimentos convencionais, que têm aumentado constantemente o custo da produção de peixe e devido à elevada procura de proteínas, é necessário utilizar ingredientes não convencionais, como a polpa de limão, na alimentação dos peixes, o que constitui uma fonte alternativa de alimentos para reduzir o custo e a escassez sem comprometer a qualidade do peixe.

2.0 Revisão da literatura

2.1 Conceito de aquicultura

A aquicultura, a criação de organismos aquáticos como peixes, crustáceos, moluscos e plantas aquáticas, tornou-se um sector vital na produção mundial de alimentos. Com a crescente procura de produtos do mar e o declínio das unidades populacionais de peixes selvagens devido à sobrepesca e à degradação ambiental, a aquicultura desempenha um papel fundamental na garantia da segurança alimentar e na satisfação das necessidades proteicas de uma população em crescimento (FAO, 2022). De acordo com a Organização das Nações Unidas para a Alimentação e a Agricultura (FAO), a aquicultura contribui com mais de 50% do abastecimento mundial de peixe para consumo humano, um valor que deverá aumentar nos próximos anos.

2.2 Desempenho do peixe-gato africano em aquacultura

O peixe-gato africano (Clarias gariepinus) é uma das espécies de peixe mais cultivadas em aquacultura devido à sua rápida taxa de crescimento, adaptabilidade a diversas condições ambientais e elevada procura no mercado. O seu desempenho em sistemas de aquacultura tem sido bem documentado, mostrando o seu potencial para melhorar a segurança alimentar e os meios de subsistência, particularmente em África e noutras regiões em desenvolvimento.

A espécie de peixe-gato africano *Clarias gariepinus* mostrou um potencial considerável como peixe adequado para uma aquacultura intensa. A criação de *Clarias gariepinus* estendeu-se para fora dos habitats naturais. Este peixe cresce rapidamente, é resistente a doenças e ao stress, é robusto e altamente produtivo mesmo em policultura (Balogun e Dabrowski, 1992). Os habitats de alimentação predatória, canibal e voraz do peixe-gato africano atraem a atenção dos agricultores para a sua cultura em massas de água interiores (Sambhu, 2004).

2.3 Desempenho de crescimento e eficiência alimentar

O peixe-gato africano apresenta um desempenho de crescimento excecional em várias condições de cultivo. É conhecido pela sua capacidade de converter eficientemente alimento em massa corporal, com um rácio de conversão alimentar (FCR) que varia de 1.0 a 1.5 em condições óptimas (Adewolu et al., 2008). A espécie pode atingir o tamanho de mercado num período de 4 a 6 meses, dependendo do sistema de cultura e do regime alimentar. Estudos mostraram que quando alimentado com dietas ricas em proteínas, o peixe-gato africano demonstra taxas de crescimento superiores em comparação com outras espécies de peixes de água doce, tornando-o uma escolha preferida para a aquacultura comercial (Fagbenro & Adebayo, 2005).

2.4 Desempenho reprodutivo

O desempenho reprodutivo do peixe-gato africano é outro fator chave que contribui para o seu sucesso na aquacultura. A espécie pode desovar várias vezes por ano em condições controladas, produzindo um grande número de ovos por ciclo de desova. A disponibilidade de técnicas de desova induzida por hormonas facilitou ainda mais a produção em massa de juvenis e alevins, assegurando um fornecimento constante de stock para operações de aquacultura (Huisman & Richter, 1987).

2.5 Sobrevivência e adaptabilidade

O peixe-gato africano é altamente resiliente, capaz de sobreviver em condições ambientais extremas, incluindo baixo oxigénio dissolvido, altas temperaturas e altas densidades de povoamento. Os seus órgãos respiratórios acessórios permitem-lhe prosperar em ambientes com má qualidade de água, dando-lhe uma vantagem competitiva em sistemas de cultivo intensivo e extensivo (Bruton, 1979). Esta adaptabilidade traduz-se em elevadas taxas de sobrevivência, mesmo em condições de cultivo subóptimas.

2.6 Resistência às doenças e gestão da saúde

A espécie exibe uma resistência moderada às doenças comuns de aquacultura. Enquanto infecções bacterianas, fúngicas e parasitárias podem ocorrer, o peixe gato africano mostra frequentemente uma melhor tolerância a doenças comparado com outras espécies cultivadas (Musa et al., 2010). No entanto, a manutenção de uma boa qualidade de água, nutrição apropriada, e medidas de biossegurança são essenciais para minimizar surtos de doenças e assegurar uma saúde óptima.

2.7 Desempenho económico e viabilidade comercial

O peixe-gato africano é altamente valorizado pela sua carne firme e branca e pelo seu sabor suave, que são preferidos pelos consumidores. Esta espécie tem bons preços de mercado, contribuindo para a rentabilidade dos empreendimentos aquícolas. Em muitas regiões, a cultura do peixe-gato africano foi identificada como uma empresa viável para os pequenos agricultores, proporcionando uma fonte fiável de rendimento e emprego (Akinrotimi et al., 2011).

A aquacultura contribui significativamente para a economia global, particularmente nos países em desenvolvimento, onde proporciona meios de subsistência e promove o crescimento económico. Em 2021, o mercado global da aquacultura foi avaliado em mais de 280 mil milhões de dólares, com a Ásia a representar a maior parte da produção, liderada pela China, Índia e Indonésia (FAO, 2022). Na Nigéria, por exemplo, a aquicultura foi identificada como um sector crítico para alcançar os objectivos de segurança alimentar e diversificação económica do país (Akinrotimi et al., 2011).

O peixe-gato africano é uma espécie preferida na aquacultura devido ao seu rápido crescimento, alta eficiência de conversão alimentar e capacidade de tolerar a má qualidade da água. Contribui significativamente para a segurança alimentar e os meios de subsistência rurais em muitos países africanos (Musa et al., 2010). Além disso, a sua carne é altamente nutritiva, rica em proteínas e com baixo teor de gordura.

2.8 Limitações e desafios

Apesar das suas vantagens, a criação de peixe-gato africano enfrenta desafios como o alto custo da ração comercial, que pode representar até 70% dos custos de produção (Tacon & Metian, 2015). Além disso, a saturação do mercado em algumas regiões pode afetar a rentabilidade. A resolução destes desafios através da utilização de ingredientes alternativos para a alimentação e de melhores estratégias de marketing é crucial para sustentar o crescimento do sector.

O desempenho do peixe-gato africano em aquacultura sublinha a sua importância como uma espécie chave para a produção sustentável de peixe. O seu rápido crescimento, altas taxas de sobrevivência e adaptabilidade fazem dele um candidato ideal para vários sistemas de aquacultura. A investigação e inovação contínuas no desenvolvimento de rações, gestão de doenças e técnicas de cultivo irão aumentar ainda mais a sua contribuição para a aquacultura global.

2.9 Factores que afectam a aquicultura

A aquicultura, a cultura controlada de organismos aquáticos, é influenciada por uma série de factores que determinam o seu sucesso e sustentabilidade. Estes factores podem ser amplamente classificados em aspectos ambientais, biológicos, tecnológicos, económicos e sócio-políticos.

2.9.1 Factores ambientais

A qualidade da água é um fator determinante para o sucesso da aquacultura. Parâmetros como a temperatura, o oxigénio dissolvido, o pH, a salinidade e os níveis de amoníaco devem ser optimizados para as espécies-alvo. A má qualidade da água pode levar ao stress, doenças e taxas de crescimento reduzidas

(Boyd & Tucker, 2012). Por exemplo, níveis de oxigénio dissolvido inferiores a 3 mg/L podem ter um impacto grave na saúde e sobrevivência dos peixes (Colt, 2006).

O aumento das temperaturas, a alteração dos padrões de precipitação e o aumento da frequência de fenómenos meteorológicos extremos têm um impacto direto na aquicultura. Estas alterações afectam a temperatura da água, o nível do mar e a salinidade dos sistemas de aquacultura, o que pode alterar as taxas de crescimento e aumentar a suscetibilidade a surtos de doenças (FAO, 2022).

2.9.2 Factores biológicos

A escolha das espécies influencia grandemente o desempenho da aquicultura. As espécies de crescimento rápido, resistentes a doenças e com elevada conversão alimentar são as preferidas para a produção comercial. Clarias gariepinus (peixe-gato africano) e Oreochromis niloticus (tilápia do Nilo) são escolhas comuns devido à sua robustez e procura no mercado (Akinrotimi et al., 2011).

Os surtos de doenças são um grande desafio na aquacultura, resultando frequentemente em perdas económicas significativas. Os agentes patogénicos comuns incluem bactérias (por exemplo, Aeromonas spp.), vírus (por exemplo,

Vírus da Necrose Hematopoiética Infecciosa) e parasitas (por exemplo, Ichthyophthirius multifiliis) (Bondad-Reantaso et al., 2005). Medidas efectivas de biossegurança e práticas de gestão sanitária são cruciais para mitigar estes riscos.

2.9.3 Factores tecnológicos

A qualidade e a disponibilidade dos alimentos são fundamentais para o crescimento e a saúde das espécies cultivadas. Os custos de alimentação representam até 70% das despesas de produção na aquicultura (Tacon & Metian, 2015). Os avanços na tecnologia dos alimentos para animais, incluindo a utilização de fontes alternativas de proteínas, como as farinhas à base de plantas e de insectos, têm o potencial de reduzir os custos e melhorar a sustentabilidade.

A escolha do sistema de aquacultura - desde sistemas extensivos, como a cultura em tanques, até sistemas intensivos, como os sistemas de recirculação de aquacultura (RAS) - afecta a produtividade e o impacto ambiental. O RAS, por exemplo, permite uma agricultura de alta densidade com um uso mínimo de água, mas requer capital e conhecimentos técnicos significativos (Bostock et al., 2010).

2.9.4 Factores económicos

A rentabilidade da aquicultura depende em grande medida da procura do mercado e dos preços do peixe e de outros produtos aquáticos. As espécies de elevado valor geram melhores rendimentos, mas podem exigir mais investimento e gestão. Por outro lado, a saturação do mercado para espécies comuns pode levar a uma redução dos preços e da rentabilidade (FAO, 2022).

O custo de factores de produção como a alimentação, a mão de obra e a energia influenciam significativamente a viabilidade económica das operações de aquacultura. O aumento dos preços dos alimentos para animais, em particular, constitui um desafio, sublinhando a necessidade de alternativas rentáveis (Gatlin et al., 2007).

2.9.5 Factores sociopolíticos e regulamentares

Políticas e quadros regulamentares eficazes são essenciais para o desenvolvimento sustentável da aquacultura. Os governos e as organizações internacionais implementaram medidas para promover práticas de aquacultura responsáveis, incluindo esquemas de certificação e diretrizes para a gestão ambiental (FAO, 2022). Estas iniciativas visam equilibrar os benefícios económicos da aquacultura com a necessidade de proteger os ecossistemas aquáticos.

A aquicultura é um sector em rápido crescimento com um potencial significativo para responder aos desafios da segurança alimentar mundial. No entanto, a sua sustentabilidade depende da superação dos desafios relacionados com a alimentação, a gestão das doenças e o impacto ambiental. A investigação contínua, a inovação tecnológica e a aplicação efectiva de políticas serão cruciais para garantir que a aquicultura continue a ser uma fonte viável e sustentável de alimentos para as gerações futuras.

As políticas relativas à utilização da terra e da água, à proteção ambiental e à segurança alimentar afectam as operações de aquicultura. Regulamentos rigorosos podem garantir práticas sustentáveis, mas também podem aumentar os custos operacionais (Naylor et al., 2021). A aquicultura requer um investimento significativo em infra-estruturas e tecnologia. O acesso limitado ao crédito e as infra-estruturas inadequadas, especialmente nos países em desenvolvimento, impedem o crescimento do sector (Akinrotimi et al., 2011).

A perceção pública da aquacultura pode ter impacto no seu desenvolvimento. Questões como a utilização de organismos geneticamente modificados (OGM) na alimentação, preocupações ambientais e a concorrência com a pesca selvagem influenciam a aceitação do consumidor e a elaboração de políticas (Tacon & Metian, 2015).

O sucesso da aquicultura depende de um equilíbrio delicado de factores ambientais, biológicos, tecnológicos, económicos e sociopolíticos. A resolução dos desafios nestas áreas através da investigação, da inovação e do desenvolvimento de políticas é crucial para o crescimento sustentável do sector.

2.10 Avanços nas técnicas de aquacultura

Ao longo dos anos, os avanços tecnológicos revolucionaram as práticas de aquacultura. Inovações como os sistemas de aquacultura de recirculação (RAS), a aquacultura multitrófica integrada (IMTA) e os programas de melhoramento genético aumentaram a produtividade e a sustentabilidade ambiental (Bostock et al., 2010). O RAS, por exemplo, permite a criação de peixes de alta densidade com um uso mínimo de água, enquanto o IMTA promove a eficiência dos recursos ao combinar espécies de diferentes níveis tróficos num único sistema.

2.11 Classificação e distribuição do peixe-gato africano *clarias*

2.11.1 Classificação taxonómica

O peixe-gato africano (Clarias gariepinus) é uma espécie proeminente na aquacultura devido à sua adaptabilidade, crescimento rápido e elevada resistência a condições ambientais adversas. A sua classificação taxonómica é a seguinte

Reino: Animália

Filo: Chordata

Classe: Actinopterygii

Ordem: Siluriformes

Família: Clariidae

Género: Clarias

Espécies: Clarias gariepinus (Burchell, 1822)

Esta espécie faz parte da família Clariidae, conhecida pela sua capacidade de respirar ar, o que permite a sobrevivência em ambientes com pouco oxigénio (Teugels, 1986).

O peixe-gato africano *Clarias gariepinus* (Burchell, 1815) é um dos grupos distintos de peixes pertencentes à Subclasse Actinopterygii, Divisão Teleostei, Ordem Siluriformes e Família Clariidae.

2.11.2 Caraterísticas morfológicas

O peixe-gato africano é caracterizado pelo seu corpo alongado, pele sem escamas e uma cabeça larga e achatada. Possui longos barbilhões à volta da boca, que ajudam a detetar o alimento em águas turvas. A presença de órgãos respiratórios acessórios permite-lhe sobreviver em ambientes pouco oxigenados, tornando-o altamente resistente em vários habitats aquáticos (Bruton, 1979).

2.11.3 Distribuição

O peixe-gato africano tem uma distribuição generalizada em África e em partes da Ásia. É nativo da África Sub-Sahariana. É encontrado em rios, lagos, pântanos e planícies de inundação em países como Nigéria, Gana, Quénia, Uganda e África do Sul (Teugels, 1986). A espécie de peixe-gato africano tem uma grande variedade de habitats e é muito procurada. É um peixe tropical que ocorre em habitats de água doce e tem uma distribuição pan-africana, mas está ausente do Magrebe, da alta e baixa Guiné e da Província do Cabo. Também ocorre naturalmente na Jordânia, Israel, Líbano, Síria e sul da Turquia (FAO 2008). Estes grupos de peixes (siluriformes) são muito consumidos na África Oriental. Esta espécie é encontrada na maioria dos corpos de água, incluindo áreas de vegetação pantanosa de lagos, riachos, rios e planícies de inundação que são propensas a secar durante períodos de seca (Akinsanya e Otubanjo, 2006). Esta espécie foi também introduzida em muitos países para fins de aquacultura e melhoramento das pescas, incluindo a Índia, o Brasil e a Tailândia (FAO, 2022).

2.11.4 Habitat e Ecologia

O peixe-gato africano é altamente adaptável e prospera em diversos habitats, incluindo rios, lagos, lagoas e reservatórios. É capaz de sobreviver em condições extremas, como alta turbidez, baixos níveis de oxigénio e altas temperaturas (Adewolu et al., 2008). Esta adaptabilidade, juntamente com os seus hábitos alimentares omnívoros, faz com que seja uma das espécies de peixe mais cultivadas em África.

2.12 Alimentação dos peixes

A nutrição dos peixes é um componente crítico da aquacultura, influenciando diretamente o crescimento, a saúde, a reprodução e a produtividade global. Uma nutrição adequada assegura a utilização eficiente dos recursos alimentares, maximiza o desempenho do crescimento e reduz o impacto ambiental. Compreender as necessidades nutricionais dos peixes é essencial para formular dietas equilibradas e promover práticas de aquacultura sustentáveis. Os nutrientes essenciais para os peixes são os aminoácidos, os ácidos gordos, as vitaminas, os minerais e os macronutrientes energéticos (proteínas, lípidos e hidratos de carbono). Os regimes alimentares dos peixes devem fornecer todos os nutrientes essenciais e a energia necessária para satisfazer as necessidades fisiológicas dos animais em crescimento. As diretrizes para a adequação dos nutrientes para algumas espécies de peixes de viveiro sugerem a necessidade mínima de nutrientes para promover o crescimento e evitar sinais de deficiência de nutrientes (NRC 2011).

2.13 Importância da nutrição em aquacultura

As necessidades nutricionais dos peixes e de outros organismos aquáticos são únicas quando comparadas com as dos animais terrestres. Os peixes têm maiores exigências em termos de proteínas e necessidades específicas de ácidos gordos essenciais, vitaminas e minerais. Uma nutrição adequada promove:

Crescimento ótimo: O fornecimento dos nutrientes necessários favorece um crescimento rápido e uma conversão alimentar eficiente (NRC, 2011).

Saúde e imunidade: Nutrientes como as vitaminas C e E, e oligoelementos como o selénio, desempenham um papel no reforço das respostas imunitárias e na redução dos riscos de doença (Gatlin, 2002).

Sucesso reprodutivo: Uma nutrição adequada garante reprodutores saudáveis, melhorando a qualidade dos ovos e a sobrevivência dos recém-nascidos (Izquierdo et al., 2001).

2.14 Requisitos nutricionais do peixe

Os peixes necessitam de seis grupos de nutrientes essenciais: proteínas, lípidos, hidratos de carbono, vitaminas, minerais e água. Cada um deles desempenha um papel específico no apoio às funções fisiológicas e ao crescimento.

2.14.1 Proteínas

As proteínas são o macronutriente mais crucial para os peixes, servindo como blocos de construção primários para o crescimento e reparação dos tecidos. Os peixes geralmente requerem níveis de proteína mais elevados do que os animais terrestres, com necessidades de proteína na dieta que variam entre 30% e 50%, dependendo da espécie e da fase de vida (NRC, 2011). A deficiência de proteínas pode levar a um crescimento atrofiado e a problemas de saúde, enquanto o excesso de proteínas pode aumentar os custos de produção e os resíduos de azoto no ambiente (Gatlin et al., 2007). A proteína é necessária na dieta para obter aminoácidos, que são utilizados para sintetizar novas proteínas ou manter as proteínas existentes nos tecidos, enquanto o excesso de proteína é convertido em energia. As proteínas são o componente mais crítico da dieta dos peixes, fornecendo os aminoácidos necessários para o desenvolvimento dos tecidos e para as funções enzimáticas. As espécies de peixes carnívoros normalmente requerem altos níveis de proteína na dieta, variando de 35% a 55% (Tacon & Metian, 2015). Os aminoácidos essenciais, como a lisina e a metionina, devem ser fornecidos através da dieta, uma vez que os peixes não os conseguem sintetizar internamente (Wilson, 2002).

2.14.2 Lípidos

Os lípidos são uma fonte significativa de energia e de ácidos gordos essenciais (EFAs), que são vitais para manter a integridade da membrana celular e apoiar a saúde reprodutiva. Os peixes têm necessidades específicas de ácidos gordos polinsaturados de cadeia longa (LC-PUFAs), como o ácido eicosapentaenóico (EPA) e o ácido docosahexaenóico (DHA) (Sargent et al., 2002). O teor de lípidos nas dietas dos peixes varia tipicamente entre 5% e 15%.

2.14.3 Hidratos de carbono

Os hidratos de carbono constituem uma fonte de energia, mas são utilizados de forma menos eficiente pelos peixes do que as proteínas e os lípidos. As espécies herbívoras e omnívoras podem utilizar os hidratos de carbono melhor do que as espécies carnívoras (Wilson, 1994). A inclusão de níveis moderados de hidratos de carbono na dieta pode poupar proteínas para o crescimento.

2.14.4 Vitaminas e minerais

As vitaminas e os minerais são necessários em pequenas quantidades, mas são essenciais para várias funções metabólicas. Vitaminas como a A, D, E e C desempenham papéis no crescimento, desenvolvimento ósseo e função imunitária (Halver & Hardy, 2002). Os minerais como o cálcio, o fósforo e o zinco são essenciais para a formação do esqueleto e para as actividades enzimáticas. As carências podem levar a um crescimento deficiente e à suscetibilidade a doenças.

2.14.5 Água

A água, embora muitas vezes negligenciada, é vital para a sobrevivência dos peixes e para o transporte de nutrientes. Como organismos aquáticos, os peixes interagem continuamente com a água, o que facilita a troca de oxigénio, resíduos e nutrientes.

2.15 Papel da nutrição na saúde e na imunidade

Uma nutrição adequada reforça a imunidade dos peixes, reduzindo a suscetibilidade a doenças. Nutrientes como a vitamina C, a vitamina E e o selénio actuam como antioxidantes, aumentando a capacidade dos peixes para combater o stress oxidativo (Gatlin, 2002). Os alimentos funcionais que incorporam probióticos, prebióticos e imunoestimulantes também estão a ganhar popularidade para melhorar a saúde intestinal e a resistência às doenças (Ringø et al., 2010).

2.16 Alimentação

A alimentação é um aspeto crítico da aquacultura, influenciando diretamente o crescimento, a saúde e a eficiência da produção dos organismos aquáticos. Estratégias de alimentação adequadas e dietas equilibradas são essenciais para maximizar as taxas de crescimento, melhorar a utilização dos alimentos e garantir a sustentabilidade dos sistemas de aquacultura.

O peixe-gato africano é omnívoro ou pode ser predador mas tem uma necessidade relativamente alta de proteínas na dieta, na ordem de 40-50 por cento de proteína bruta numa base de peso seco. As suas larvas alimentam-se exclusivamente de zooplâncton e fitoplâncton na primeira semana. Os juvenis alimentam-se principalmente de ostracodes, insectos aquáticos e larvas de insectos. Os juvenis alimentam-se de microcrustáceos e larvas de insectos e cerca de 70% da alimentação ocorre3 à noite (Potongkam e Miller, 2016). Os adultos alimentam-se de pequenos peixes, insectos aquáticos, crustáceos, moluscos e plantas aquáticas. As larvas e os primeiros juvenis têm uma elevada necessidade de proteínas (55 %), de lípidos (9 %) e de hidratos de carbono (21 %). As necessidades nutricionais básicas durante a fase de crescimento variam entre 40 - 43 % de proteínas, 10 - 12 % de lípidos alimentares e 15 - 32 % de hidratos de carbono. A energia digestível óptima situa-se entre 14 e 16 kJ/g (FAO, 2017b).

2.17 Ingredientes para rações e formulação

A composição dos alimentos para peixes varia em função das necessidades das espécies, dos objectivos de produção e dos ingredientes disponíveis. Os ingredientes mais comuns das rações incluem:

2.17.1 Farinha de peixe e óleo de peixe

Tradicionalmente as principais fontes de proteínas e lípidos, ricas em aminoácidos essenciais e LC-PUFAs (Tacon & Metian, 2015).

2.17.2 Ingredientes à base de plantas

O farelo de soja, o glúten de milho e outras proteínas vegetais são cada vez mais utilizados como alternativas sustentáveis à farinha de peixe (Hardy, 2010).

2.17.3 Ingredientes alternativos

As farinhas de insectos, as algas e as proteínas microbianas oferecem potencial como fontes de alimentação novas e sustentáveis (Henry et al., 2015).

A formulação de alimentos para animais tem por objetivo proporcionar uma dieta equilibrada, minimizando os custos e os impactos ambientais.

2.18 Práticas de alimentação em aquacultura

As práticas de alimentação eficientes são essenciais para maximizar a utilização dos alimentos e minimizar os desperdícios.

2.18.1 Frequência da alimentação e racionamento

A frequência da alimentação e o tamanho da ração dependem da espécie, da idade e das condições ambientais. A sobrealimentação conduz a desperdícios de ração e deteriora a qualidade da água, ao passo que a subalimentação pode atrasar o crescimento e aumentar a suscetibilidade a doenças (Stickney, 2000).

2.18.2 Métodos de alimentação

Os métodos de alimentação variam desde a alimentação manual até aos sistemas automatizados. Os alimentadores automatizados melhoram a consistência e reduzem os custos de mão de obra, especialmente em sistemas intensivos. São também utilizados alimentadores por encomenda, que permitem aos peixes controlar a sua alimentação, reduzindo assim os desperdícios (Bostock et al., 2010).

2.18.3 Estratégias de alimentação

As estratégias de alimentação têm um impacto significativo no desempenho do crescimento e na eficiência alimentar. Estas estratégias incluem:

2.18.4 Gestão dos alimentos para animais

A monitorização e o ajustamento das taxas de alimentação com base no tamanho dos peixes, na temperatura da água e nas fases de crescimento são cruciais para uma utilização eficiente dos alimentos.

2.19 Desafios na alimentação de peixes

2.19.1 Custo elevado dos alimentos para animais

A alimentação representa o custo mais significativo na aquacultura, representando frequentemente 50-70% dos custos totais de produção (Tacon & Metian, 2015). O desenvolvimento de alimentos rentáveis com fontes alternativas de proteínas e lípidos, como a farinha de insectos e as algas, é crucial para melhorar a rentabilidade.

Uma alimentação excessiva ou uma gestão incorrecta dos alimentos pode levar à poluição por nutrientes, prejudicando os ecossistemas aquáticos. As práticas de alimentação sustentáveis, como a utilização de alimentos com baixo teor de fósforo, ajudam a reduzir a pegada ambiental da aquacultura (Cho & Bureau, 2001).

2.19.2 Deficiências nutricionais

A formulação de regimes alimentares equilibrados para satisfazer as necessidades específicas das diferentes espécies e fases do ciclo de vida é uma tarefa complexa. As deficiências nutricionais podem resultar num fraco desempenho em termos de crescimento, num aumento da mortalidade e numa redução do sucesso reprodutivo (Gatlin, 2002).

2.19.3 Conhecimento inadequado das práticas alimentares

Alguns agricultores alimentam demasiado ou mal os seus peixes, ou alimentam-nos em alturas inadequadas. A sobrealimentação leva ao desperdício e à poluição da água, enquanto a subalimentação resulta num crescimento atrofiado.

2.19.4 Armazenamento de alimentos para animais e prazo de validade

Condições de armazenamento inadequadas, por exemplo, humidade elevada, pragas, podem degradar a qualidade dos alimentos para animais e levar à sua deterioração. O impacto é a redução do valor nutricional e a possível contaminação com bolores ou toxinas.

2.19.5 Qualidade da água e eficiência alimentar

A má qualidade da água, com elevados níveis de amoníaco e pouco oxigénio, afecta o apetite e a digestão dos peixes. O impacto é a redução da eficiência alimentar e o aumento do risco de doenças.

2.20 Material de alimentação convencional

Na aquacultura, a formulação de alimentos para peixes é um aspeto vital para garantir um crescimento ótimo, saúde e eficiência de produção. Os alimentos convencionais, que são ingredientes tradicionais utilizados nas dietas de aquacultura, têm sido amplamente utilizados devido aos seus perfis nutricionais e disponibilidade. Estes ingredientes para a alimentação animal provêm principalmente de produtos de origem animal e vegetal.

2.20.1 Farinha de peixe

A farinha de peixe tem sido tradicionalmente a principal fonte de proteínas nas rações para aquacultura devido ao seu elevado valor biológico, perfil rico em aminoácidos e digestibilidade. Fornece aminoácidos essenciais que são cruciais para o crescimento e desenvolvimento dos peixes. No entanto, as preocupações com a sustentabilidade e o custo da farinha de peixe, bem como a pressão sobre as unidades populacionais de peixes marinhos, levaram a um interesse crescente em fontes alternativas de proteínas (Tacon & Metian, 2015).

A farinha de peixe é rica em proteínas (tipicamente 60-70%) e contém níveis significativos de ácidos gordos essenciais (EPA e DHA), que são vitais para o crescimento e saúde de muitas espécies de peixes (Tacon & Metian, 2015). As principais limitações da farinha de peixe incluem o seu elevado custo e a pressão que exerce sobre as populações de peixes selvagens, tornando-a uma opção insustentável para operações de aquacultura em grande escala (Naylor et al., 2009).

2.20.2. Óleo de peixe

O óleo de peixe é uma fonte crítica de lípidos nos alimentos para aquacultura, fornecendo ácidos gordos essenciais como o EPA e o DHA, que são essenciais para o desenvolvimento dos peixes, especialmente para espécies como o salmão e a truta. Tal como a farinha de peixe, a utilização de óleo de peixe é limitada pelo seu elevado custo e por questões de sustentabilidade.

O óleo de peixe é altamente valorizado pelos seus ácidos gordos polinsaturados (AGPI) ómega 3, que são essenciais para a saúde dos peixes e contribuem para a qualidade nutricional dos peixes de viveiro (Sargent et al., 2002). A principal preocupação em relação ao óleo de peixe é a sua utilização insustentável, uma vez que a procura de óleo de peixe excede frequentemente o seu fornecimento a partir de fontes marinhas, o que leva a preocupações ambientais e económicas (Tacon & Metian, 2015).

2.20.3. Farinha de soja

O farelo de soja é uma das fontes de proteína de origem vegetal mais utilizadas nas rações para aquacultura. É um ingrediente de baixo custo e elevado teor proteico que se tornou cada vez mais popular como substituto da farinha de peixe, particularmente em dietas para espécies de peixes omnívoros e herbívoros. Está amplamente disponível e oferece um perfil de aminoácidos equilibrado, embora careça de certos aminoácidos essenciais, como a metionina.

A farinha de soja contém normalmente 44-48% de proteínas e é rica em aminoácidos essenciais, com exceção da metionina, que pode ter de ser suplementada (Bureau & Cho, 2009). A principal limitação da farinha de soja é o seu conteúdo deficiente em metionina, que é crucial para o crescimento dos peixes. Isto requer suplementação ou mistura com outras fontes de proteína para obter uma nutrição equilibrada (Hardy, 2010).

2.20.4. Farinha de glúten de milho

A farinha de glúten de milho é outra fonte de proteínas de origem vegetal que é frequentemente utilizada em alimentos para aquacultura, particularmente para espécies menos exigentes em termos de teor de aminoácidos essenciais. É uma excelente fonte de proteínas (aproximadamente 60-70%) e está amplamente disponível.

A farinha de glúten de milho é rica em proteínas e fornece um bom equilíbrio de aminoácidos, embora seja geralmente inferior em lisina e outros aminoácidos essenciais quando comparada com a farinha de peixe (Robinson et al., 2015). A farinha de glúten de milho tem uma digestibilidade mais baixa do que a farinha de peixe, e o seu perfil de aminoácidos não é tão adequado para espécies carnívoras que têm requisitos mais elevados de lisina e metionina (Tacon & Metian, 2015).

2.20.5. Glúten de trigo

O glúten de trigo é utilizado em alimentos para aquacultura tanto pelo seu conteúdo proteico como pela sua capacidade de ligar outros ingredientes nos alimentos. É normalmente incluído em alimentos para espécies que são mais tolerantes a fontes de proteína de origem vegetal, como os peixes omnívoros.

O glúten de trigo é rico em proteínas (aproximadamente 70%), mas é deficiente em lisina e metionina, o que o torna menos adequado como única fonte de proteína (Tacon & Metian, 2015). O glúten de trigo carece de vários aminoácidos essenciais e não é adequado para peixes carnívoros sem suplementação (Bureau & Cho, 2009).

2.20.6. Grãos de cereais (milho, farelo de arroz, cevada)

Os grãos de cereais como o milho, o farelo de arroz e a cevada são frequentemente incluídos nas dietas de aquacultura como fontes de hidratos de carbono, energia e algumas proteínas.

Estes ingredientes são particularmente importantes nas rações para espécies de peixes herbívoros e omnívoros.

Estes cereais fornecem uma fonte de hidratos de carbono digeríveis, constituindo uma fonte de energia para os peixes (Wilson, 2002). Os grãos de cereais são geralmente pobres em proteínas em comparação com os alimentos de origem animal e não são ideais para as espécies carnívoras devido ao seu baixo teor de aminoácidos essenciais (Stickney, 2000).

2.20.7. Ingredientes diversos

Farinha de sangue e farinha de carne e ossos: Estas fontes de proteínas de origem animal são por vezes utilizadas como alternativas à farinha de peixe, particularmente nos regimes alimentares de espécies omnívoras. Fornecem um bom equilíbrio de aminoácidos essenciais, mas têm uma digestibilidade e um valor nutricional limitados em comparação com a farinha de peixe.

Algas e óleo de algas: As algas são uma fonte valiosa de ácidos gordos essenciais e estão a ser cada vez mais utilizadas para suplementar o óleo de peixe. O óleo de algas é particularmente benéfico no fornecimento de DHA e EPA às espécies aquícolas (Sargent et al., 2002).

2.21 Alimentos não convencionais

Os ingredientes alimentares não convencionais em aquacultura referem-se a fontes de alimentação alternativas que diferem dos tradicionais alimentos de origem animal e vegetal, como a farinha de peixe, o óleo de peixe e a farinha de soja. Estes alimentos alternativos estão a ganhar atenção como potenciais soluções para a procura crescente de produtos de aquacultura, para as preocupações com a sustentabilidade ambiental e para o custo crescente dos ingredientes convencionais. As fontes de alimentação não convencionais provêm frequentemente de resíduos, subprodutos de várias indústrias ou de novas fontes, como a farinha de insectos, as algas e os resíduos agrícolas.

A utilização de alimentos não convencionais de origem vegetal tem sido limitada devido à presença de alcalóides, glicosídeos, ácidos oxálicos, fitatos, inibidores de protease, hematoglutinina, saponegina, momosina, cianoglicosídeos, linamarina, para mencionar alguns, apesar dos seus valores nutritivos e implicações de baixo custo (Sogbesan *et al* 2006). Estes factores anti-nutricionais negam o crescimento e outras actividades fisiológicas a níveis de inclusão mais elevados (Oresegun e Alegbeleye 2001).

Os NCFRs são creditados por serem não competitivos em termos de consumo humano, muito baratos de comprar, subprodutos ou produtos residuais da agricultura, alimentos para animais e indústrias de transformação e podem servir como uma forma de gestão de resíduos para melhorar o saneamento. Estes incluem todos os tipos de alimentos para animais (bichos-da-seda, larvas, térmitas, larvas, minhocas, caracóis, girinos, etc.), resíduos vegetais (feijão, farinha de algodão, farinha de soja, cajanus, chaya, lentilha, sêmea de milho, sêmea de arroz, bagaço de palmiste, bagaço de amendoim, resíduos de cerveja, etc.) e resíduos de origem animal e de indústrias transformadoras.) e resíduos de origem animal e da transformação de alimentos para consumo humano, tais como estrume animal, miudezas, vísceras, penas, silagem de peixe, ossos, sangue) Fasakin 2000. Todos estes resíduos podem ser reciclados para aumentar o seu valor se existirem meios tecnológicos e economicamente justificáveis para os converter em produtos utilizáveis.

2.22 Fontes de alimentos não convencionais para animais

A produção de recursos alimentares não convencionais provém essencialmente da agricultura e de várias indústrias de base agrícola e é função de muitos factores. Estes factores incluem a quantidade e a qualidade dos materiais produzidos, que dependem das condições agro-climáticas prevalecentes e dos padrões de cultivo, do tipo de matérias-primas, do processo de produção, da taxa de produção, do tipo de factores de produção utilizados, da regulamentação que afecta a qualidade do produto e das restrições impostas à descarga de efluentes. A maioria dos recursos não convencionais é geralmente considerada como resíduo, o que é uma descrição incorrecta deste grupo de materiais.

Podem ser considerados resíduos quando não se demonstrou que têm valor económico. Quando esses resíduos podem ser utilizados e podem ser convertidos pelo gado em produtos valiosos que são benéficos para o homem, tornam-se novas matérias-primas de alimentação animal importantes. Além disso, podem ser utilizados para complementar os limitados recursos alimentares existentes. A reciclagem, o reprocessamento e a utilização da totalidade ou de uma parte dos resíduos oferecem a possibilidade de devolver estes materiais a uma utilização benéfica, em oposição aos métodos tradicionais de eliminação e relocalização dos mesmos resíduos.

Definidos desta forma, os NCFR abrangem uma grande diversidade de alimentos para animais e os seus conteúdos nutricionais. Uma caraterística dos alimentos para animais é que os alimentos tradicionais de origem tropical tendem a ser principalmente provenientes de culturas anuais, ao passo que os NCFR incluem normalmente uma variedade de alimentos provenientes de culturas perenes e alimentos de origem animal e industrial. Neste sentido, os NCFR poderiam ser mais apropriadamente designados por "novos alimentos para animais", e este termo está a ser cada vez mais utilizado. Assim, o termo NCFR tem sido frequentemente utilizado para descrever novas fontes de alimentos para animais, tais como os efluentes das fábricas de óleo de palma e a fibra da prensa de palma (subprodutos da palma), as proteínas unicelulares e as matérias-primas para alimentação animal derivadas de subprodutos agro-industriais de origem vegetal e animal, alimentos celulósicos grosseiros de baixa qualidade provenientes de resíduos agrícolas, como restolhos, palhas e videiras, e de outros subprodutos agro-industriais, como os subprodutos de matadouros e os provenientes da transformação de açúcar, cereais, citrinos e produtos hortícolas da transformação de alimentos para consumo humano.

Os ingredientes não convencionais para a alimentação animal estão a ser cada vez mais explorados como alternativas às rações tradicionais para aquacultura, como a farinha e o óleo de peixe, devido à sua sustentabilidade, relação custo-eficácia e potencial para reduzir os impactos ambientais. Estas fontes alternativas de alimentação incluem principalmente subprodutos da indústria alimentar, resíduos agrícolas, farinha de insectos, algas e subprodutos animais. Algumas das principais fontes de alimentos não convencionais para a aquicultura incluem:

2.22.1 Farinha de insectos

A farinha de insectos, derivada de larvas como a mosca-soldado negra (Hermetia illucens) e a larva da farinha (Tenebrio molitor), está a emergir como uma fonte de proteína alternativa sustentável para os alimentos para aquacultura. Os insectos são altamente eficientes na conversão de resíduos orgânicos em proteínas de alta qualidade, o que os torna uma escolha amiga do ambiente.

Origem: Os insectos são normalmente criados em resíduos orgânicos, tais como restos de comida, estrume animal ou subprodutos agrícolas.

Valor nutricional: A farinha de insectos é rica em proteínas (30-50%), aminoácidos essenciais (por exemplo, lisina, metionina), lípidos (30-40%) e micronutrientes (Newton et al.,

2005). Exemplos incluem espécies de larvas de mosca-soldado negra, larvas de farinha.

2.22.2 Algas e produtos de algas

As microalgas e as macroalgas (algas marinhas) são fontes ricas em nutrientes de proteínas, ácidos gordos essenciais, vitaminas e minerais. Podem ser incorporadas nas dietas dos peixes para melhorar a qualidade nutricional, particularmente em espécies como o salmão, a truta e o camarão, que necessitam de ácidos gordos ómega 3 de cadeia longa (EPA e DHA).

As microalgas (por exemplo, Chlorella, Spirulina) e as macroalgas (por exemplo, Ulva, Sargassum) são cultivadas em ambientes controlados ou colhidas em ecossistemas marinhos. As microalgas podem conter 30-50% de proteínas e são ricas em ácidos gordos ómega 3 (DHA e EPA), antioxidantes e carotenóides (Finkelstein et al., 2018).

2.22.3 Subprodutos agrícolas

Os subprodutos da produção vegetal, tais como o farelo de arroz, a farinha de glúten de milho, o farelo de trigo e outros resíduos de cereais, são ingredientes valiosos e de baixo custo para a alimentação em aquacultura. Estes subprodutos são especialmente úteis para espécies omnívoras e herbívoras, fornecendo hidratos de carbono e proteínas a um custo relativamente baixo.

Estes subprodutos são gerados a partir do processamento de culturas como o arroz, o milho e o trigo nas indústrias alimentar e de biocombustíveis. O farelo de arroz é rico em lípidos (15-20%), a farinha de glúten de milho fornece proteínas (45-60%) e o farelo de trigo contém fibras e quantidades moderadas de proteínas (Bureau & Cho, 2009).

2.22.4 Algas marinhas (macroalgas)

As algas marinhas são utilizadas como ingrediente alimentar devido ao seu rico perfil de nutrientes, incluindo polissacáridos (por exemplo, alginatos), minerais essenciais (cálcio, iodo) e antioxidantes. É particularmente útil nas dietas de espécies herbívoras e omnívoras.

As algas marinhas são colhidas nos oceanos ou cultivadas em sistemas de aquacultura marinha. As algas marinhas são ricas em fibras, minerais (cálcio, magnésio) e vitaminas (por exemplo, vitamina C, iodo) (Francis et al., 2017).

2.22.5 Subprodutos animais (farinha de sangue, farinha de penas, farinha de ossos)

Os subprodutos animais da indústria de transformação de carne, como a farinha de sangue, a farinha de penas e a farinha de ossos, são utilizados como fontes de proteínas em alimentos para aquacultura. Estes ingredientes são particularmente úteis em espécies carnívoras, como a truta e o salmão, uma vez que fornecem níveis elevados de proteínas.

Estes subprodutos são derivados de matadouros e instalações de transformação de carne. A farinha de sangue é rica em proteínas (80-85%), a farinha de penas contém proteínas (80%), mas é menos digerível, e a farinha de ossos fornece proteínas e minerais (Cohen et al., 2009).

2.22.6 Resíduos e subprodutos alimentares

Os resíduos alimentares das indústrias domésticas, de restauração e de processamento de alimentos estão a ser explorados como uma fonte de alimentação sustentável e de baixo custo. Isto inclui frutas, vegetais e outros materiais orgânicos que podem ser reutilizados para a alimentação de peixes.

Restos de comida e excedentes alimentares provenientes da indústria alimentar humana. O valor nutricional varia consoante a composição dos resíduos, mas inclui normalmente hidratos de carbono, proteínas, gorduras e micronutrientes.

Tem-se verificado que os ingredientes não convencionais para a alimentação animal são muito promissores para o futuro da aquicultura sustentável. Com as crescentes preocupações sobre o impacto ambiental dos ingredientes tradicionais das rações, como a farinha e o óleo de peixe, fontes alternativas como a farinha de insectos, as algas, os subprodutos agrícolas, os resíduos animais e os restos de comida representam alternativas viáveis, rentáveis e amigas do ambiente. A continuação da investigação e do desenvolvimento destes ingredientes não convencionais ajudará a otimizar a sua utilização na aquacultura e a reduzir a dependência da indústria de recursos não sustentáveis.

2.23 Caraterísticas dos alimentos não convencionais em aquacultura

Os alimentos não convencionais são ingredientes alternativos utilizados na aquacultura para complementar ou substituir as fontes de alimentação tradicionais, como a farinha e o óleo de peixe. Estes alimentos provêm frequentemente de subprodutos agrícolas, farinha de insectos, algas, resíduos alimentares e outras fontes alternativas. Oferecem uma abordagem sustentável para satisfazer a procura crescente de produtos de aquacultura, reduzindo simultaneamente o impacto ambiental da produção de rações convencionais. Seguem-se as principais caraterísticas dos alimentos não convencionais:

2.23.1 Composição nutricional

Os alimentos não convencionais têm frequentemente uma composição nutricional variável consoante a sua origem. Enquanto alguns podem ser ricos em proteínas, gorduras ou hidratos de carbono, outros podem ser deficientes em certos nutrientes, exigindo suplementação.

Teor de proteínas

Os alimentos não convencionais, como as farinhas de insectos e de algas, podem ser ricos em proteínas (30-60%), o que os torna alternativas adequadas à farinha de peixe. No entanto, alguns podem precisar de ser suplementados com aminoácidos essenciais (por exemplo, lisina, metionina) para satisfazer as necessidades nutricionais dos peixes (Newton et al., 2005; Finkelstein et al., 2018).

Lípidos e ácidos gordos

Ingredientes como larvas de insectos e algas podem fornecer lípidos benéficos, incluindo ácidos gordos ómega 3 (EPA e DHA), importantes para o crescimento de peixes carnívoros (Sanchez et al., 2017).

Fibras e hidratos de carbono

Os subprodutos agrícolas e as algas marinhas são frequentemente ricos em fibras e hidratos de carbono, o que os torna valiosos para as espécies omnívoras e herbívoras, mas menos adequados para os peixes carnívoros sem mais modificações (Francis et al., 2017).

2.23.2. Digestibilidade

A digestibilidade dos alimentos não convencionais é fundamental para o sucesso da sua utilização em aquacultura. Alguns ingredientes não convencionais, como as farinhas de insectos e de algas, são facilmente digeríveis, enquanto outros, como os subprodutos agrícolas, podem necessitar de transformação para melhorar a sua digestibilidade.

Farinha de insectos: Normalmente tem uma digestibilidade elevada devido à conversão eficiente dos nutrientes pelos insectos, embora a digestibilidade possa variar consoante a espécie (Goff, 2019).

Algas e algas marinhas: As microalgas são frequentemente altamente digeríveis e demonstraram melhorar o crescimento e a saúde dos peixes (Finkelstein et al., 2018). No entanto, as macroalgas (algas marinhas) podem exigir um processamento adicional para melhorar a digestibilidade devido à presença de celulose e outros componentes difíceis de digerir (Chopin et al., 2012).

2.23.3 Sustentabilidade

Uma das principais razões para a utilização de alimentos não convencionais é o seu potencial para promover a sustentabilidade na aquacultura. Estes alimentos provêm frequentemente de fluxos de resíduos ou de fontes alternativas que reduzem a dependência de recursos finitos como a farinha e o óleo de peixe.

Os subprodutos agrícolas, os resíduos alimentares e a criação de insectos contribuem para a redução dos resíduos através da reutilização de materiais orgânicos que, de outro modo, não seriam utilizados (Miranda & Costa, 2014). Os alimentos não convencionais, como a farinha de insectos e as algas, são produzidos utilizando menos recursos, com menos emissões de gases com efeito de estufa em comparação com os métodos tradicionais de produção de alimentos para animais (Newton et al., 2005).

2.23.4 Relação custo-eficácia

O custo de produção de alimentos não convencionais é frequentemente inferior ao das dietas tradicionais à base de farinha de peixe, especialmente quando são utilizados subprodutos ou resíduos. No entanto, a relação custo-eficácia global depende de factores como a disponibilidade de ingredientes para a alimentação animal, os custos de transformação e a escala de produção.

Os subprodutos da agricultura (por exemplo, farelo de arroz, glúten de milho) e os resíduos alimentares são fontes baratas de hidratos de carbono e proteínas (Bureau & Cho, 2009). Embora a criação de insectos e a produção de algas possam ser rentáveis à escala, o investimento inicial e os requisitos de infra-estruturas para estas indústrias podem ainda colocar desafios (Sanchez et al., 2017).

2.23.5. Compostos antioxidantes e bioactivos

Os alimentos não convencionais contêm frequentemente compostos bioactivos e antioxidantes que podem promover a saúde dos peixes e melhorar o valor nutricional dos produtos da aquacultura.

As algas, as algas marinhas e certas espécies de insectos são ricas em antioxidantes, como os carotenóides (por exemplo, a astaxantina) e os polifenóis, que ajudam a prevenir o stress oxidativo nos peixes (Finkelstein et al., 2018; Sanchez et al., 2017).

As larvas de insectos contêm péptidos antimicrobianos, que podem ajudar a melhorar o sistema imunitário dos peixes e a reduzir a suscetibilidade a doenças (Goff, 2019).

2.23.6 Flexibilidade na aplicação

Os alimentos não convencionais podem ser utilizados em várias combinações com ingredientes convencionais para criar dietas equilibradas e completas para diferentes espécies de peixes. Os alimentos não convencionais, como farinha de insectos, algas e algas marinhas, são particularmente benéficos para espécies omnívoras e herbívoras, mas podem ter de ser combinados com proteínas mais digeríveis (por exemplo, farinha de peixe) para espécies carnívoras (Goff, 2019; Bureau & Cho, 2009).

Estes ingredientes podem ser adaptados para satisfazer necessidades nutricionais específicas com base na fase de crescimento e nos requisitos dietéticos de diferentes espécies de peixes (Finkelstein et al., 2018).

2.23.7 Segurança e qualidade

A segurança e a qualidade dos alimentos não convencionais são fundamentais para a sua aceitação na aquicultura. Estes alimentos devem cumprir normas de higiene para evitar a contaminação com agentes patogénicos ou toxinas. São necessárias técnicas de processamento adequadas (por exemplo, secagem, tratamento térmico) para garantir que os alimentos não convencionais são seguros para o consumo dos peixes e não contêm contaminantes como metais pesados ou agentes patogénicos microbianos (Bureau & Cho, 2009). As medidas de controlo de qualidade são essenciais para garantir que estes alimentos cumprem consistentemente as normas nutricionais para o crescimento e a saúde dos peixes (Zhao et al., 2015).

2.23.8 Factores anti-nutricionais

Os factores antinutricionais (ANF) são compostos naturais encontrados em muitos ingredientes de origem vegetal que podem reduzir o valor nutricional dos alimentos para animais ao interferir com a digestão, absorção ou utilização de nutrientes. Na aquicultura, a presença destes factores em ingredientes alternativos para a alimentação animal (por exemplo, farinhas vegetais, subprodutos agrícolas ou farinhas de insectos) pode limitar a sua utilização, a menos que sejam utilizadas técnicas de transformação adequadas.

Uma das principais limitações à utilização de alimentos não convencionais para animais são os factores antinutricionais neles contidos. Os factores antinutricionais podem ser definidos como o constituinte químico de um alimento que interfere na digestão, absorção e metabolismo normais dos alimentos, alguns dos quais podem ter efeitos deletérios no sistema digestivo do animal. Alguns constituintes químicos inerentes presentes em diferentes tipos de alimentos para animais interferem na utilização óptima dos nutrientes e alguns são também tóxicos em concentrações elevadas. Embora os factores anti-nutricionais estejam presentes em muitos alimentos convencionais, são mais comuns na maioria dos alimentos não convencionais Pathak N. 1997.

Estes factores anti-nutricionais têm de ser removidos ou inactivados por vários procedimentos antes da utilização dos ingredientes na dieta. Muitas sementes, que foram outrora utilizadas nas dietas tradicionais humanas e animais, caíram atualmente em desuso à medida que as necessidades agrícolas e nutricionais são reavaliadas (Huisman, 1989). As sementes contêm frequentemente factores como as lectinas, que são deletérias ou tóxicas para os animais ou para o homem (Huisman, 1989). As lectinas das sementes colocam problemas importantes, pois são resistentes ao tratamento térmico e algumas sementes, como o feijão-miúdo, têm de ser aquecidas durante várias horas a temperaturas superiores a 80°C ou fervidas durante 10-20 minutos para garantir a eliminação da sua atividade lectínica. A utilização destas sementes como matéria-prima alimentar deve, por conseguinte, ser efectuada com grande precaução. Isto é particularmente importante uma vez que estudos recentes sugerem que a exposição a longo prazo a níveis relativamente baixos de alguns factores antinutricionais ou tóxicos pode ter efeitos deletérios no metabolismo do corpo. Seguem-se factores anti-nutricionais comuns encontrados nos alimentos para aquacultura, os seus efeitos e métodos para reduzir o seu impacto.

Inibidores da protease

Os inibidores de proteases são compostos que inibem a atividade das enzimas digestivas, como as proteases, que são responsáveis pela decomposição das proteínas em aminoácidos absorvíveis. Isto pode levar a uma redução da digestibilidade das proteínas e do crescimento dos peixes.

Comum em leguminosas (por exemplo, soja, ervilhas e feijão), trigo e outros grãos de cereais. A inibição das enzimas proteases pode resultar numa má digestão das proteínas, levando à redução das taxas de crescimento e da eficiência alimentar dos peixes (Yuan et al., 2019). O tratamento térmico (por exemplo, cozedura, torrefação) pode desativar os inibidores da protease e melhorar a digestibilidade das proteínas (Sampath et al., 2019).

Lectinas

As lectinas são proteínas de ligação aos hidratos de carbono presentes em muitas plantas. Podem interferir com a absorção de nutrientes ao ligarem-se ao revestimento do trato digestivo, levando à redução da biodisponibilidade dos nutrientes.

As lectinas são abundantes nas leguminosas (por exemplo, soja, ervilhas) e em alguns cereais. As lectinas podem causar danos intestinais, alterar a digestão e prejudicar a absorção de nutrientes, levando a uma redução do desempenho do crescimento e da eficiência alimentar (Rahman et al., 2015). O processamento térmico, como a autoclavagem, e a fermentação podem reduzir a atividade das lectinas e melhorar a qualidade dos alimentos para animais (Wang et al., 2015).

Fitatos

Os fitatos (ácido fítico) são a forma de armazenamento do fósforo em muitas sementes de plantas. Os peixes não são capazes de digerir eficazmente os fitatos devido à falta da enzima necessária, a fitase, o que leva a uma má utilização do fósforo. Encontrados em quantidades significativas em cereais, leguminosas, oleaginosas e frutos secos. Os fitatos reduzem a biodisponibilidade do fósforo, prejudicando o crescimento ósseo e a saúde em geral. Para além disso, podem ligar-se a minerais essenciais como o cálcio, o zinco e o ferro, prejudicando ainda mais a absorção de minerais (Ravindran, 2013). A adição de enzimas fitase à ração pode decompor os fitatos, melhorando a disponibilidade de fósforo (Gatlin et al., 2007).

Taninos

Os taninos são compostos polifenólicos que se encontram em muitos ingredientes de origem vegetal, como leguminosas, folhas de árvores e alguns cereais. Os taninos têm uma propriedade adstringente e podem ligar-se às proteínas e às enzimas digestivas, o que reduz a digestibilidade dos nutrientes. Presentes em sementes, frutos secos, grãos e algumas leguminosas. Os taninos podem reduzir a digestibilidade das proteínas, diminuir as taxas de crescimento e causar danos intestinais nos peixes (Barros et al., 2017). A fermentação ou a imersão de ingredientes ricos em taninos pode ajudar a reduzir os efeitos dos taninos em dietas para peixes (Oliveira et al., 2020).

Saponinas

As saponinas são glicosídeos que se encontram em muitas plantas, especialmente nas leguminosas, e podem formar complexos com o colesterol e outras moléculas, afectando a digestão e a absorção de nutrientes.

Comum em feijões, ervilhas e soja. As saponinas podem causar danos à mucosa intestinal, prejudicar a digestão de proteínas e reduzir as taxas de crescimento (Makkar et al., 2017). A imersão, a fermentação ou a torrefação podem reduzir o teor de saponinas e melhorar a digestibilidade (Oliveira et al., 2018).

Alcalóides

Os alcalóides são compostos contendo azoto presentes em muitas plantas, particularmente em leguminosas e algumas ervas, que podem ser tóxicos para os peixes em níveis elevados. Estão presentes em espécies como o tremoço, a ervilhaca e outras leguminosas. Os alcalóides podem interferir com os processos metabólicos, levando à redução do crescimento, à toxicidade e até à morte em concentrações elevadas (Yuan et al., 2020). Métodos de processamento como o tratamento térmico, a fermentação e a imersão podem desintoxicar os alcalóides (Zhao et al., 2016).

Os factores anti-nutricionais (ANFs) presentes nas rações não convencionais podem ter um impacto significativo na eficiência das dietas para aquacultura, afectando a digestão, a absorção de nutrientes e a saúde geral dos peixes. A identificação e mitigação destes factores através de várias técnicas de processamento, como a fermentação, a imersão e o tratamento térmico, são fundamentais para otimizar a utilização dos alimentos e assegurar práticas sustentáveis de piscicultura. A compreensão dos ANFs específicos em diferentes ingredientes de rações permite uma melhor formulação de dietas para aquacultura, melhorando o crescimento, a saúde e a eficiência da produção dos peixes.

2.24 Polpa de limão

2.24.1 Descrição polpa de limão (*citrus Limon*)

O género *Citrus* é uma das subunidades taxonómicas mais importantes da família *Rutaceae*. Os frutos produzidos pelas espécies pertencentes a este género são designados por "citrinos" na linguagem coloquial, ou citrinos. Os citrinos são vulgarmente conhecidos pelas suas valiosas propriedades nutricionais, farmacêuticas e cosméticas. O género Citrus inclui plantas sempre verdes, arbustos ou árvores (de 3 a 15 m de altura). As suas folhas são coriáceas, de forma ovoide ou elíptica. Algumas têm espigas. As flores crescem individualmente nas axilas das folhas. Cada flor tem cinco pétalas, brancas ou avermelhadas. O fruto é uma baga de hesperídio. As espécies pertencentes ao género Citrus ocorrem naturalmente em zonas de clima quente e ameno, principalmente na região mediterrânica. São geralmente sensíveis às geadas.

Os citrinos (*Citrus spp.*) são uma das culturas frutícolas mais importantes a nível mundial (Crawshaw, 2004). As laranjas (*Citrus* × *sinensis* (L.) Osbeck), as tangerinas (Citrus × *tangerina Tanaka*), as mandarinas (Citrus *reticulata Blanco*), os limões (*Citrus* × *limon*), as limas (várias espécies) e as toranjas (Citrus × *paradisi Macfad.*) são as principais espécies cultivadas. Cerca de 30% da produção de citrinos (e 40% da produção de laranja) é processada (USDA-FAS, 2010), principalmente para fazer sumo, e resulta em grandes quantidades de subprodutos. A polpa de citrinos é o resíduo sólido que permanece depois de os frutos frescos serem espremidos para obter o sumo. Representa 50-70% do peso fresco do fruto original e contém a casca (60-65%), os tecidos internos (30-35%) e as sementes (0-10%) (Crawshaw, 2004). A polpa de citrinos é geralmente produzida a partir de laranjas, mas pode também conter subprodutos de outros citrinos, nomeadamente toranjas e limões (Crawshaw, 2004).

A polpa do limão é a parte carnuda e comestível do fruto do limão, separada da casca e das sementes. É a parte interior do fruto, que contém um elevado teor de água e é rica em açúcares, ácidos orgânicos (especialmente ácido cítrico), fibras e vários micronutrientes, como a vitamina C e os flavonóides. A polpa do limão é normalmente considerada um subproduto do processo de extração do sumo , uma vez que permanece após o sumo ser espremido. No contexto dos subprodutos agrícolas e industriais, a polpa de limão é frequentemente transformada em formas secas para prolongar o seu prazo de validade e torná-la mais adequada para utilização em várias aplicações, incluindo alimentação animal, alimentos funcionais e como fonte de compostos bioactivos.

2.24.2 Caraterísticas e ocorrência do limão (*Citrus limon*)

O limoeiro (*Citrus limon)* é uma árvore que atinge 2,5-3 m de altura. Tem folhas lanceoladas sempre verdes. As flores bissexuais são brancas com uma tonalidade púrpura nos bordos das pétalas. Estão reunidas em pequenos cachos ou ocorrem individualmente, crescendo nas axilas das folhas. O fruto é uma baga verde alongada, oval e pontiaguda que se torna amarela durante a maturação. No seu interior, a baga está cheia de uma polpa sumarenta dividida em segmentos (como uma laranja). O pericarpo *do Citrus limon* é constituído por um exocarpo fino, coberto de cera, sob o qual se encontra a parte exterior do mesocarpo, também conhecido como flavedo. Esta parte contém vesículas de óleo e corantes carotenóides. A parte interna do mesocarpo, também conhecida como albedo, é constituída por um tecido parenquimatoso branco e esponjoso. O endocarpo, ou "polpa do fruto", é dividido em segmentos pelo tecido esponjoso e branco do mesocarpo (Mabberley, D.J 2004). A árvore de C. limon prefere lugares ensolarados. Cresce em solos argilosos, bem drenados e húmidos com uma ampla gama de pH (Mabberley, D.J.2004; Goetz, P. 2014)

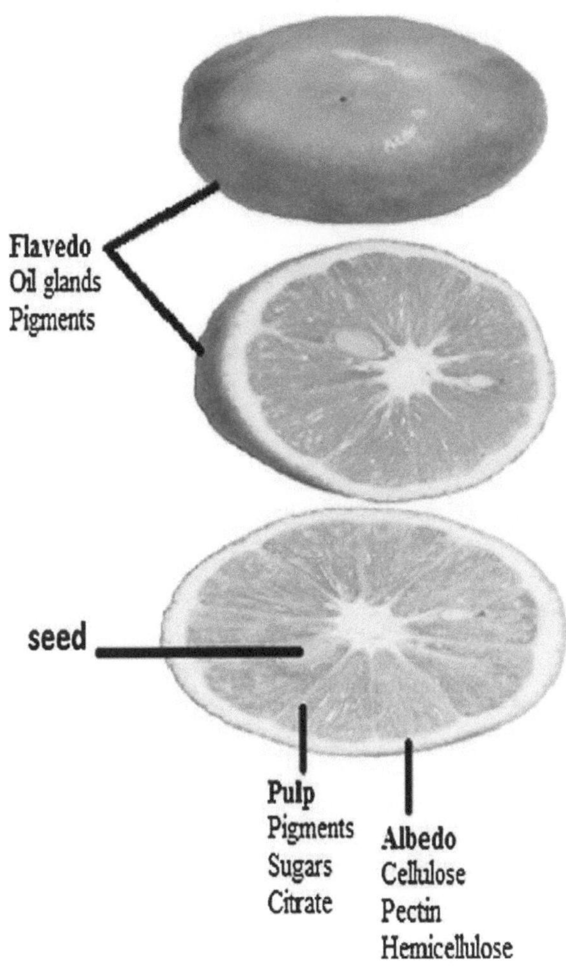

Fig. 1: Estrutura do fruto do limão. (Goudeau *et al*, 2008).

Caraterísticas botânicas

O limoeiro pertence à família Rutaceae e ao género Citrus. A árvore é tipicamente de pequeno a médio porte, perene e caracterizada por flores brancas ou amarelo-pálidas perfumadas. O fruto em si é uma baga amarela, elíptica a ovoide, com uma casca grossa e texturada, chamada raspa, que contém óleos aromáticos. A polpa do limão é segmentada e contém vesículas sumarentas que são altamente ácidas devido ao ácido cítrico.

Classificação científica:

Reino: Plantae

Filo: Angiospérmicas

Classe: Eudicotiledóneas

Ordem: Sapindales

Família: Rutaceae

Género: Citrinos

Espécies: C. limon

Caraterísticas físicas:

Tamanho: Normalmente, 5 a 10 cm de comprimento.

Forma: Oval ou elíptica, com casca rugosa.

Cor: Amarelo brilhante quando maduro, mas por vezes verde quando não está maduro.

Sabor: Azedo, devido ao elevado teor de ácido cítrico (cerca de 5-6% do peso do fruto).

Aroma: Fragrância fresca e cítrica com um travo caraterístico.

Composição nutricional

Os limões são conhecidos principalmente pelo seu elevado teor de vitamina C (ácido ascórbico), mas também contêm uma variedade de outros nutrientes, incluindo fibras, antioxidantes e ácidos orgânicos, como o ácido cítrico, que contribui para o seu sabor azedo.

O elevado teor de vitamina C torna os limões essenciais para reforçar o sistema imunitário, enquanto a fibra contribui para a saúde digestiva. O ácido cítrico ajuda em vários processos metabólicos e é frequentemente utilizado como conservante em alimentos e bebidas.

A polpa de limão é uma excelente fonte de vários outros nutrientes importantes, embora o seu perfil nutricional possa variar consoante os métodos de processamento. Os principais componentes da polpa de limão fresco são a água, os hidratos de carbono e a fibra, com quantidades menores de proteínas e gorduras.

Hidratos de carbono e açúcares: A polpa do limão contém açúcares simples como a glucose, a frutose e a sacarose, que contribuem para o seu valor energético. O teor de açúcar, embora não seja tão elevado como em alguns outros frutos, continua a ser uma fonte de energia útil para os animais (Müller et al., 2020).

Ácidos orgânicos: O elevado teor de ácido cítrico é uma das caraterísticas distintivas da polpa de limão. O ácido cítrico contribui para o sabor azedo e é utilizado em vários processos metabólicos, tanto em humanos como em animais (López et al., 2013).

Fibra: A polpa contém fibra alimentar, incluindo pectina, que é benéfica para a saúde digestiva e pode atuar como prebiótico (Maraschin et al., 2007).

Vitaminas e minerais: A polpa do limão é rica em vitamina C (ácido ascórbico), um potente antioxidante que apoia a saúde imunitária. Contém também pequenas quantidades de minerais como o potássio, o magnésio e o cálcio (Müller et al., 2020).

2.24.3 Distribuição da polpa de limão (*Citrus limon)*

Os limões (Citrus limon) são um dos citrinos mais cultivados e consumidos, conhecidos pelo seu distinto sabor azedo, elevado teor de vitamina C e versatilidade em aplicações culinárias e industriais.

Pensa-se que os limões são originários da Ásia, tendo o seu cultivo inicial ocorrido em regiões como o norte da Índia, a China e Myanmar. A disseminação do cultivo do limão pelo mundo começou com o movimento de pessoas e o comércio, particularmente através das regiões do Médio Oriente e do Mediterrâneo.

Região de origem: Sudeste Asiático, nomeadamente Índia e China.

Cultivo global: Os limões são cultivados em muitas regiões subtropicais e tropicais em todo o mundo, incluindo o Mediterrâneo, a Califórnia, a Argentina, a Índia e o Brasil.

Principais produtores: Índia, México, Argentina, Espanha e Estados Unidos (principalmente Califórnia e Arizona).

Clima: Os limões desenvolvem-se bem em climas quentes e soalheiros, com temperaturas entre 20-30°C e uma exposição mínima à geada.

Os limões são cultivados em pomares e são normalmente colhidos durante todo o ano, embora a época alta dos limões nas diferentes regiões possa variar.

Importância cultural e económica

Os limões são cultivados e utilizados pelo homem há milhares de anos. Na antiguidade, eram apreciados pelas suas propriedades medicinais, nomeadamente como remédio para o escorbuto, devido ao seu elevado teor de vitamina C. Atualmente, os limões são muito utilizados em aplicações culinárias, como em saladas, bebidas (como a limonada), sobremesas e como guarnição. São também importantes na produção de óleo de limão e como ingrediente em produtos de limpeza devido à sua forte fragrância e propriedades anti-sépticas.

Importância económica

A produção de limão é uma parte significativa da indústria mundial de citrinos, contribuindo tanto para as economias locais como para o comércio internacional. A produção comercial de sumo, raspa e óleo de limão é uma indústria multimilionária.

Utilizações em alimentos e bebidas: Para além do consumo direto, o sumo de limão é um ingrediente fundamental em bebidas como limonada, refrigerantes e cocktails. Também é utilizado em pratos culinários de todo o mundo, proporcionando sabor e acidez.

Os limões (Citrus limon) são um fruto muito apreciado em todo o mundo devido ao seu sabor ácido caraterístico, ao elevado teor de vitamina C e a uma vasta gama de utilizações culinárias, industriais e medicinais. Originários do Sudeste Asiático, os limões são atualmente cultivados numa grande variedade de climas em todo o mundo, especialmente nas regiões subtropicais e tropicais. O fruto é uma parte essencial de muitas cozinhas e contribui para a saúde através do seu teor de vitamina C, fibra e outros compostos bioactivos. O seu cultivo é de importância económica, tanto em termos de produção de frutos como de fabrico de produtos à base de limão, como sumos e óleos essenciais.

A polpa seca de citrinos está disponível em todo o mundo. Em 2010, a produção mundial foi inferior a 2 milhões de toneladas (Licht, 2010). O principal produtor de citrinos para processamento é o Brasil (47% da produção), seguido dos EUA (29%) (USDA-FAS, 2010).

2.24.4 Potencial para uma alimentação sustentável

A utilização da polpa de limão como ingrediente para a alimentação animal contribui para a sustentabilidade da produção agrícola, ao utilizar um subproduto que, de outro modo, seria deitado fora. Isto ajuda a minimizar os resíduos na indústria dos citrinos e constitui uma alternativa rentável aos ingredientes tradicionais para a alimentação animal, como os cereais e a farinha de peixe.

Ao incorporar polpa de limão na alimentação animal, o impacto ambiental da agricultura pode ser reduzido, diminuindo a quantidade de resíduos orgânicos que acabam em aterros sanitários. Além disso, a polpa de limão como ingrediente alternativo para a alimentação animal pode reduzir a dependência de fontes de alimentação convencionais, que estão a tornar-se cada vez mais insustentáveis (López et al., 2013).

2.24.5 Aplicações e benefícios da polpa de limão na alimentação animal

A polpa de limão, especialmente quando seca, pode ser incorporada na alimentação animal, oferecendo vários benefícios para o gado, as aves e a aquacultura. A sua inclusão nas dietas dos animais proporciona valor nutricional e propriedades funcionais devido ao seu teor de antioxidantes e fibras.

A fibra na polpa de limão apoia a saúde intestinal, promovendo a digestão e melhorando a absorção de nutrientes (López et al., 2013). A elevada concentração de vitamina C e flavonóides na polpa de limão pode ajudar a melhorar o sistema imunitário dos animais e a reduzir o stress oxidativo (Müller et al., 2020). Os açúcares simples da polpa de limão podem fornecer uma fonte de energia rápida para os animais, aumentando as taxas de crescimento e a eficiência da conversão alimentar, particularmente em aves de capoeira e peixes (Maraschin et al., 2007).

2.24.6 Transformação de polpa de limão (*Citrus limon)*

A polpa de limão, um subproduto da indústria de sumo de citrinos, é a parte carnuda e comestível do fruto que é normalmente descartada após a extração do sumo. No entanto, a polpa pode ser transformada em várias formas para aumentar o seu prazo de validade e utilizar as suas propriedades nutricionais e funcionais. A polpa de limão processada pode ser utilizada numa variedade de aplicações, incluindo alimentação animal, produtos alimentares e como fonte de compostos bioactivos. Esta secção aborda os métodos de transformação da polpa de limão e as suas potenciais utilizações.

Métodos de processamento da polpa de limão

O processamento da polpa de limão envolve várias etapas que têm como objetivo preservar o seu valor nutricional, melhorar o seu prazo de validade e torná-la adequada para diferentes aplicações. As principais técnicas de processamento incluem a secagem, a fermentação e a extração do sumo.

Secagem

A secagem é um dos métodos mais comuns de conservação da polpa de limão. Ajuda a reduzir o teor de humidade, o que impede o crescimento microbiano e a deterioração. Os dois principais métodos de secagem são:

Secagem ao ar

Este é o método mais tradicional, que envolve a exposição da polpa de limão ao ar quente para reduzir o teor de humidade. A secagem ao ar pode demorar vários dias e pode resultar em alguma perda de nutrientes.

Liofilização: A liofilização é um método mais avançado que envolve o congelamento da polpa e a posterior remoção da água por sublimação. Este método ajuda a preservar a integridade nutricional e os compostos bioactivos da polpa, incluindo o seu teor de vitamina C e antioxidantes (Sharma et al., 2019).

Secagem por pulverização

Esta técnica é amplamente utilizada para produzir polpa de limão em pó. A polpa é primeiro transformada numa pasta, que é depois pulverizada numa câmara de ar quente para remover rapidamente a humidade, resultando num pó fino. Este método é normalmente utilizado para produzir polpa de limão em pó para utilização em formulações de alimentos, bebidas e rações para animais (Tanin et al., 2020).

Fermentação

A fermentação da polpa de limão é outro método de processamento utilizado para melhorar o seu perfil nutricional e aumentar o seu prazo de validade. Durante a fermentação, microrganismos benéficos, como leveduras ou bactérias lácticas, decompõem os açúcares da polpa, produzindo vários subprodutos, como ácidos orgânicos, álcool e probióticos. Este processo não só melhora a digestibilidade da polpa, mas também aumenta a biodisponibilidade de certos nutrientes e melhora o seu sabor (Hassan et al., 2018).

Extração de sumo

A polpa de limão também pode ser utilizada na produção de sumos, onde a polpa é extraída depois de o sumo ter sido espremido da fruta. A polpa pode então ser concentrada e combinada com sumo de limão para produzir sumo de polpa de limão ou adicionada como ingrediente funcional noutras bebidas. O sumo é frequentemente filtrado para remover o excesso de fibras e sólidos antes de ser embalado para utilização em vários produtos alimentares e bebidas (Jayanegara et al., 2015).

Secagem e conservação

Para tornar a polpa de limão mais adequada para utilização na alimentação animal, é frequentemente seca para reduzir o teor de humidade e aumentar o seu prazo de validade. O processo de secagem preserva os nutrientes, reduzindo a carga microbiana e evitando a deterioração.

As técnicas de secagem mais comuns incluem a secagem ao ar, a liofilização ou a secagem por pulverização, que podem ajudar a manter a integridade nutricional da polpa de limão, ao mesmo tempo que aumentam a sua capacidade de utilização em formulações de alimentos para animais (López et al., 2013). Uma vez seca, a polpa de limão pode ser armazenada durante longos períodos sem perda significativa de nutrientes, permitindo a sua utilização em períodos de entressafra ou como ingrediente a granel na alimentação animal.

2.24.7 Propriedades nutricionais e funcionais da polpa de limão processada

O processamento da polpa de limão ajuda a reter muitas das suas propriedades benéficas, tornando-a um ingrediente valioso em várias indústrias, incluindo a alimentar, a agrícola e a farmacêutica.

Retenção de nutrientes: Os processos de secagem e fermentação preservam uma parte significativa dos nutrientes da polpa de limão. A secagem, especialmente quando feita através de liofilização ou secagem por pulverização, retém grande parte da vitamina C, fibra e conteúdo antioxidante da polpa, embora ocorram algumas perdas menores (Hassan et al., 2018). Pó de polpa de limão liofilizado, por exemplo, demonstrou manter altos níveis de compostos bioativos, como flavonóides e ácidos fenólicos (Sharma et al., 2019).

Atividade Antioxidante: A polpa de limão é rica em flavonóides, ácidos fenólicos e vitamina C, todos eles conhecidos pelas suas propriedades antioxidantes. Estes compostos ajudam a neutralizar os radicais livres nocivos no corpo, contribuindo potencialmente para uma melhor saúde quando incluídos nas dietas (Jayanegara et al., 2015). Quando processada, a polpa de limão continua a fornecer estes antioxidantes, tornando-a um ingrediente valioso em alimentos e bebidas funcionais.

Teor de fibras: A polpa de limão é uma boa fonte de fibra alimentar, particularmente pectina. A fibra é essencial para a saúde digestiva e pode melhorar a motilidade intestinal e reduzir o risco de obstipação. Os processos de secagem e fermentação preservam grande parte do teor de fibra da polpa, o que pode beneficiar a nutrição humana e animal (Tanin et al., 2020).

2.24.8 Aplicações da polpa de limão processada

Alimentação animal: A polpa de limão processada, especialmente quando seca, pode ser utilizada como ingrediente alimentar alternativo na pecuária e na aquacultura. O seu elevado teor de fibra, juntamente com os seus açúcares naturais, torna-a uma fonte de energia para os animais. Além disso, as propriedades antioxidantes da polpa de limão podem melhorar o sistema imunitário dos animais (Hassan et al., 2018).

Alimentos e bebidas: A polpa de limão seca em pó é utilizada na indústria alimentar e de bebidas para aromatizar produtos como chás, sumos e artigos de padaria. A acidez natural e o aroma cítrico da polpa são valorizados na produção de alimentos e bebidas funcionais, proporcionando sabor e benefícios para a saúde (Sharma et al., 2019). Além disso, a polpa de limão é um ingrediente potencial na fortificação de produtos alimentares devido ao seu teor de vitamina C.

Cosméticos e produtos farmacêuticos: A polpa do limão é por vezes processada para extrair óleos essenciais, que são utilizados em produtos cosméticos e farmacêuticos. Os óleos têm propriedades antimicrobianas, antifúngicas e anti-inflamatórias. Para além disso, os compostos antioxidantes da polpa podem ser utilizados em produtos de cuidados da pele para proteger contra o envelhecimento da pele e melhorar a sua saúde (Tanin et al., 2020).

2.24.9 Desafios na transformação e utilização

Apesar dos benefícios do processamento da polpa de limão, existem alguns desafios na sua utilização. Estes incluem:

Perda de nutrientes: Pode ocorrer alguma perda de nutrientes, particularmente vitamina C, durante o processo de secagem, especialmente quando o calor é aplicado por longos períodos. Para mitigar isso, a liofilização é recomendada, pois ajuda a preservar mais vitamina C e outros compostos bioativos (Sharma et al., 2019).

Custos de transformação: Os métodos avançados de transformação, como a liofilização ou a secagem por pulverização, podem ser dispendiosos, o que pode limitar a utilização generalizada da polpa de limão transformada em aplicações de baixo custo, como a alimentação animal.

2.24.10 Impacto ambiental do limão

A produção de sumo de citrinos é frequentemente uma indústria altamente integrada e o seu impacto ambiental deve ser avaliado ao longo de toda a cadeia de produção, desde o cultivo de frutos até à produção de sumo e óleos essenciais. Foram efectuadas avaliações do ciclo de vida da indústria dos citrinos em Itália (Beccali *et al.*, 2009; Beccali *et al.*, 2010), no Brasil (Coltro *et al.*, 2009) e em Espanha (Ribal *et al.*, 2009). Normalmente, a produção de citrinos requer irrigação, pesticidas, herbicidas, fertilizantes e corretores de solo. A seleção e a lavagem dos frutos, a produção de sumo e de óleo essencial, bem como a desidratação da polpa de citrinos, requerem energia proveniente de combustíveis fósseis e dão origem a águas residuais que exigem instalações de tratamento. A utilização de polpa de citrinos na alimentação animal foi considerada uma forma eficaz de diminuir a produção de resíduos. Uma análise exaustiva deve incluir uma avaliação dos encargos ambientais associados aos alimentos substitutos e dos custos associados a outros métodos de eliminação da polpa de citrinos. A digestão anaeróbia da polpa cítrica pode produzir biogás para ser utilizado no processo de fabrico, reduzindo assim a procura de energia, mas não reduz os resíduos (Beccali *et al.*, 2010)

O cultivo do limão, tal como outras práticas agrícolas, tem impactos ambientais positivos e negativos. Embora os limões sejam um fruto valioso para o consumo global, a sua produção e transformação podem contribuir para a degradação ambiental de várias formas, como a alteração do uso do solo, o consumo de água, a utilização de pesticidas e a produção de resíduos. No entanto, as práticas agrícolas sustentáveis e os métodos de transformação eficientes podem atenuar alguns destes impactos. Esta secção discute o impacto ambiental do cultivo do limão, o processo de produção e as potenciais estratégias para reduzir a sua pegada ecológica.

Consumo de água

O uso da água é uma das preocupações ambientais mais significativas no cultivo de limões. Tal como outros citrinos, os limões necessitam de quantidades substanciais de água para crescerem, especialmente em regiões com climas secos.

Necessidades de água: Os limoeiros requerem normalmente entre 800 a 1.500 mm de água por ano, dependendo do clima e das condições do solo. Em regiões com baixa pluviosidade, a irrigação torna-se essencial, contribuindo para um elevado consumo de água (Méndez et al., 2020).

Práticas de rega: Em muitas áreas de cultivo de limão, particularmente nas regiões mediterrânicas e áridas, a escassez de água é uma preocupação crescente. A dependência excessiva da irrigação pode esgotar os recursos hídricos locais e afetar negativamente os ecossistemas circundantes (Nayak et al., 2016). Sistemas de irrigação eficientes, como a irrigação por gotejamento, podem ajudar a reduzir o desperdício de água, mas ainda existem desafios na otimização do uso da água para a produção comercial de limão em larga escala.

Utilização de pesticidas e fertilizantes

O cultivo do limão envolve frequentemente a utilização de pesticidas e fertilizantes sintéticos para controlar as pragas e promover o crescimento das plantas. Embora estes produtos químicos ajudem a aumentar o rendimento e a qualidade, podem ter efeitos prejudiciais para o ambiente.

Utilização de pesticidas: Os pomares de limoeiros são susceptíveis a várias pragas, incluindo pulgões, ácaros e doenças fúngicas. Os métodos convencionais de controlo de pragas dependem frequentemente de pesticidas químicos, o que pode resultar na contaminação do solo e da água, prejudicar espécies não visadas e levar ao desenvolvimento de pragas resistentes a pesticidas (Peña et al., 2021).

Utilização de fertilizantes: Para manter a fertilidade do solo e otimizar os rendimentos, os produtores de limão aplicam normalmente fertilizantes à base de azoto. A utilização excessiva de fertilizantes pode levar ao escoamento de nutrientes, que contaminam as massas de água e causam eutrofização, afectando os ecossistemas aquáticos. Além disso, o uso excessivo de fertilizantes pode contribuir para as emissões de gases de efeito estufa, incluindo o óxido nitroso, um potente gás de efeito estufa (Simonne et al., 2020).

Degradação dos solos e utilização das terras

Os pomares de limoeiros, sobretudo os que envolvem monoculturas, podem contribuir para a degradação dos solos e a perda de biodiversidade.

Erosão do solo: O cultivo contínuo de limões na mesma terra, associado a uma gestão inadequada do solo, pode levar à erosão do solo. A perda da camada superficial do solo reduz a fertilidade da terra, tornando-a menos produtiva a longo prazo (Gómez et al., 2018). Além disso, a utilização de maquinaria pesada para a colheita e outras actividades pode compactar o solo, agravando ainda mais os problemas de erosão.

Monocultura: A prática de cultivar explorações de monocultura de limão em grande escala pode levar a uma diminuição da biodiversidade do solo, tornando-o mais suscetível a doenças e pragas. Isso, por sua vez, aumenta a necessidade de insumos químicos como pesticidas e fertilizantes, contribuindo para um ciclo de degradação ambiental (Gómez et al., 2018).

Produção de resíduos

A produção e a transformação do limão dão origem a quantidades significativas de resíduos, nomeadamente sob a forma de cascas, sementes e polpa.

Subprodutos dos citrinos: O processo de extração do suco gera grandes quantidades de casca, polpa e sementes de limão, que muitas vezes são descartadas ou usadas de forma ineficiente. Estes subprodutos podem ter impactos ambientais se não forem geridos adequadamente, pois podem decompor-se e libertar metano, um potente gás com efeito de estufa, em aterros sanitários (Azad et al., 2019).

Utilização de resíduos: No entanto, os resíduos de limão podem ser reaproveitados de forma ecológica. Por exemplo, a casca e a polpa do limão podem ser transformadas em ração animal, biocombustíveis ou composto orgânico, reduzindo o desperdício e contribuindo para práticas agrícolas circulares (Hassan et al., 2020). A produção de sumo de limão também pode gerar óleo de limão como subproduto, que tem aplicações comerciais nas indústrias alimentar e cosmética.

Emissões de gases com efeito de estufa

O cultivo, a colheita e a transformação dos limões contribuem para as emissões de gases com efeito de estufa em várias fases da produção.

Pegada de carbono: A utilização de fertilizantes sintéticos, pesticidas e sistemas de irrigação com água nos pomares de limoeiros contribui para a pegada de carbono da produção de limões. Além disso, o transporte de limões das quintas para as instalações de processamento e mercados resulta em mais emissões devido aos sistemas de transporte baseados em combustíveis fósseis (Herrero et al., 2020).

Estratégias de mitigação: As práticas agrícolas sustentáveis, como a utilização de fertilizantes orgânicos, a gestão integrada de pragas (IPM), a irrigação eficiente e a utilização reduzida de pesticidas podem ajudar a reduzir a pegada de carbono da produção de limão. Além disso, o abastecimento local de limões pode reduzir as emissões relacionadas com o transporte.

3.0 Materiais e métodos

3.1 Local de estudo

O estudo foi efectuado no departamento de pescas e aquacultura da Universidade Joseph Sarwuan Tarka, Markurdi,

3.2 Recolha e preparação de amostras:

3.2.1 Coleção de polpa de limão

A polpa fresca de limão foi recolhida gratuitamente junto dos produtores de sumo de limão

3.2.2 Transformação de alimentos para animais

A polpa fresca de limão foi seca no forno à temperatura de 60^0c no laboratório do departamento de pescas e aquacultura da Universidade Joseph Sarwuan Tarka, Makurdi. A polpa foi triturada em partículas finas. O material seco foi guardado num recipiente hermético para utilização posterior.

Os grãos de soja foram tostados a 100°c durante 30 minutos para inativar os factores antinutricionais, como a antitripsina. A tostagem foi efectuada através da agitação contínua dos grãos de soja numa textura fina e aquecida numa tostadeira. Isto assegura uma tostagem uniforme e evita a carbonização dos grãos de soja pelo calor. Os grãos de soja torrados foram depois moídos numa textura fina e embalados num recipiente para a formulação da dieta. A farinha de peixe, a farinha de milho, a pré-mistura de vitaminas e minerais e o óleo foram comprados no mercado e armazenados num saco de polietileno num local fresco e seco.

3.3 Produção de alimentos para animais

A farinha de polpa de limão moída foi misturada com outros alimentos a níveis de inclusão de 0%, 2%, 4% e 6% para produzir quatro dietas isoproteicas (PC 35%), como se mostra no quadro 1. A dieta de controlo (0%) não continha farinha de polpa de limão. A dieta produzida foi seca ao sol até ficar estaladiça para evitar o crescimento de bolores nos alimentos. A dieta seca foi depois embalada em sacos de nylon à prova de água. Uma amostra da dieta produzida foi submetida a uma análise de proximidade.

3.4 Conceção experimental dos peixes

Um total de cento e sessenta (160) alevins *de Clarias gariepinus* foram comprados na LOCAL FISH FARM Naka Road, Makurdi, Estado de Benue. Os juvenis foram aclimatados durante uma semana e alimentados com a dieta de controlo antes da experiência. Posteriormente, os alevins experimentais foram distribuídos aleatoriamente por quatro dietas, com 20 alevins por tratamento, num desenho aleatório completo com réplicas. Os juvenis foram alimentados com a dieta experimental durante um período de 8 semanas a 5% do peso corporal, duas vezes por dia, das 8:00 às 17:00 horas. Os alevins foram criados em bacias pretas de 60 litros; a água parâmetros como o pH, o oxigénio dissolvido, a temperatura, o total de sólidos dissolvidos e a condutividade eléctrica foram medidos utilizando verificadores múltiplos de parâmetros de qualidade da água.

3.5 Parâmetros de crescimento

Todos os alevins de cada unidade experimental foram contados, pesados e registados semanalmente. O rácio de conversão alimentar, a mortalidade e a qualidade da carcaça constituíram os principais critérios de avaliação. O consumo de ração foi medido deduzindo da quantidade inicialmente dada para determinar a ração consumida por grupo numa base diária. O peso corporal foi determinado por tratamento utilizando uma balança eletrónica. O ganho de peso corporal de cada um dos grupos de tratamento foi obtido calculando a diferença entre os pesos vivos médios da semana atual e os da semana anterior, dividida por sete dias numa semana. O rácio de conversão alimentar foi medido dividindo o consumo de ração por tratamento, em gramas, pelo ganho de peso vivo por alevim para cada grupo de tratamento. A mortalidade foi verificada e registada de forma adequada.

A bacia foi limpa uma vez por semana para remover o material acumulado, a fim de melhorar a circulação adequada da água e manter uma boa gama de oxigénio dissolvido, bem como para prevenir o aparecimento de doenças causadas por factores bióticos e abióticos

3.6 Determinação dos parâmetros de crescimento

A medição do peso dos peixes foi obtida no final da experiência e os seguintes parâmetros de crescimento foram determinados de acordo com a fórmula de Iheanacho *et al.* (2017) e Sogbesan e Ugwumba (2008).

Ganho de peso médio = Peso final - Peso inicial

Taxa de crescimento específico (SGR)

SGR = (Ln Peso médio final - Ln Peso médio inicial) x100

Tempo (dias)

Ln = logaritmo natural

Rácio de conversão alimentar

Esta é expressa como FCR = Peso do alimento fornecido

(Peso em gramas secas)

Ganho de peso dos peixes (peso em gramas húmidas)

Rácio de eficiência proteica (PER)

Mede-se assim o rácio de eficiência proteica PER = Ganho de

peso dos peixes

Alimentação proteica

Taxa de sobrevivência (%) = Número total de sobreviventes x

100

número total de peixes armazenados

3.7 Análise estatística

Os dados obtidos foram analisados através de uma análise de variância (ANOVA) unidirecional.

4.0 Resultados e discussão

Quadro 1: Composição percentual das dietas à base de farinha de polpa de limão fornecidas a *Clarias*

	0%	2%	4%	6%
Farinha de polpa de limão	-	2	4	6
Bolo de amendoim	24.55	24.63	24.69	24.77
Farinha de peixe	24.55	24.63	24.69	24.77
Farinha de soja	24.55	24.63	24.69	24.77
Farinha de milho	17.83	15.61	13.43	11.17
Pré-mistura mineral	1	1	1	1
Pré-mistura de vitaminas	1	1	1	1
Sal	0.5	0.5	0.5	0.5
CMC	3	3	3	3
Óleo	3	3	3	3

Quadro 3: Parâmetros de crescimento de juvenis *de Clarias gariepinus* alimentados com Dietas à base de polpa de limão

Parâmetros	DT1	DT2	DT3	DT4	Valor P
MIW	1.01 ± 0.01	1.01 ± 0.02	1.01 ± 0.01	1.01 ± 0.01	0.92
MFW	3.33 ± 0.07	3.24 ± 0.39	3.16 ± 0.12	3.31 ± 0.15	0.82
MWG	2.33 ± 0.07	2.22 ± 0.4	2.14 ± 0.02	2.31 ± 0.15	0.82
%MWG	229.6 ± 5.93	219.63 ± 3960	211.17 ± 3.33	227.69 ± 13.79	0.81
SGR	2.13 ± 0.03	2.07 ± 0.22	2.03 ± 0.02	2.11 ± 0.07	0.81
FCR	2.02 ± 0.03	2.09 ± 0.38	2.25 ± 0.01	2.07 ± 0.14	0.71
PER	1.62 ± 0.03	1.39 ± 0.25	1.13 ± 0.01	1.47 ± 0.10	0.09
%Sobrevivência	80.50± 2.50	75 ± 5.00	82.50 ± 2.50	80,00± 2,00	0.21

As médias sem sobrescrito não diferem significativamente (P>0,05)

Chave:

PMI = peso inicial médio	DT1 =dieta com 0% de polpa de limão
MFW = peso médio final	DT2 = dieta com 2% de polpa de limão
MWG = ganho de peso médio	DT3 = dieta com 4% de polpa de limão
%MWG = ganho de peso médio percentual	DT4 = dieta com 6% de polpa de limão
SGR = taxa de crescimento específico	
FCR = rácio de conversão alimentar	
PER = rácio de eficiência proteica	

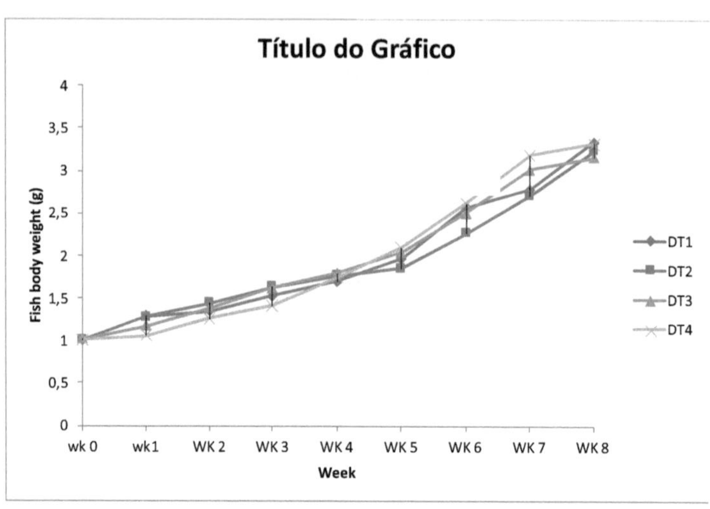

Figura 2:WFig. 2: Curva de crescimento semanal de juvenis *de Clarias gariepinus*

Quadro 2: Composição proximal da polpa de limão

Proteína bruta	Extrato etéreo	Cinzas	Humidade	Fibra bruta
4.38	0.83	3.89	9.09	6.73

O resultado da Tabela 2 mostra a composição proximal da polpa de limão, que inclui proteína bruta (4,38%), extrato etéreo (0,83%), cinzas (3,89%), humidade (9,09%) e fibra bruta (6,73%). Isto fornece informações essenciais sobre o seu perfil nutricional e potenciais aplicações em alimentos, rações e processos industriais.

Proteína bruta (4,38%): O teor de proteína bruta da polpa de limão é relativamente baixo, típico da maioria das polpas de frutas. As proteínas são essenciais para as funções corporais, incluindo a atividade enzimática, a reparação dos tecidos e o crescimento. Embora a polpa de limão não possa servir como fonte primária de proteínas, a sua inclusão na alimentação animal ou como ingrediente suplementar em produtos alimentares pode contribuir para a ingestão global de proteínas. De acordo com Chitra et al. (2020), o baixo teor de proteínas em subprodutos de frutas como a polpa de limão torna-os ideais para equilibrar ingredientes alimentares ricos em proteínas.

Extrato de éter (0,83%): O extrato de éter mede o teor de gordura e, a 0,83%, a polpa de limão é pobre em gorduras. Isto torna-a adequada para formulações dietéticas com baixo teor de gordura, em linha com a procura do consumidor por opções alimentares mais saudáveis. Apesar da baixa quantidade, o extrato etéreo pode conter ácidos gordos essenciais e vitaminas lipossolúveis benéficas para a saúde. O baixo teor de gordura é consistente com as descobertas noutros subprodutos de citrinos, que são tipicamente pobres em lípidos (Ghasemi et al.,

2017).

Cinzas (3,89%): O teor de cinzas, indicativo do conteúdo mineral total, é moderado, 3,89%. A polpa de limão contém provavelmente minerais essenciais como o potássio, o cálcio e o magnésio, comuns nos citrinos. Estes minerais desempenham papéis cruciais nos processos metabólicos, incluindo a saúde óssea, a função nervosa e a atividade enzimática (Sharma et al., 2019). Este conteúdo mineral moderado acrescenta valor à polpa de limão tanto na nutrição humana como na alimentação animal, fornecendo micronutrientes essenciais.

Humidade (9,09%): O teor de humidade de 9,09% é relativamente baixo para a polpa de fruta, que normalmente contém um teor de água mais elevado na sua forma fresca. Este baixo teor de humidade pode dever-se a uma secagem parcial ou a caraterísticas naturais. O baixo teor de humidade é vantajoso, uma vez que aumenta o prazo de validade, reduzindo o risco de deterioração microbiana (FAO, 2021). Em aplicações industriais, a polpa de limão com baixo teor de humidade pode ser utilizada como ingrediente estável em produtos alimentares secos, formulações de alimentos para animais ou como base para processamento posterior, como na produção de limão em pó.

Fibra bruta (6,73%): O teor de fibra bruta é relativamente alto, 6,73%, indicando que a polpa de limão é uma fonte rica de fibra alimentar. A fibra desempenha um papel crucial na promoção da saúde gastrointestinal, ajudando a digestão e prevenindo a obstipação. Nas dietas humanas, a fibra alimentar tem sido associada a riscos reduzidos de doenças crónicas, como as doenças cardiovasculares e a diabetes (Slavin, 2013). Para a alimentação animal, a fibra bruta é essencial, especialmente para os ruminantes, uma vez que apoia a função ruminal e melhora a digestão. O elevado teor de fibra também faz da polpa de limão um ingrediente adequado para o desenvolvimento de alimentos funcionais ou suplementos de saúde destinados a melhorar a saúde intestinal.

A composição proximal da polpa de limão destaca o seu potencial como ingrediente versátil em várias aplicações. O seu baixo teor de gordura e elevado teor de fibra tornam-na uma escolha saudável para produtos alimentares, enquanto as suas propriedades minerais e de fibra aumentam o seu valor na alimentação animal e em aplicações industriais. Uma investigação mais aprofundada sobre a sua composição mineral e fitoquímica específica poderia abrir mais oportunidades para a sua utilização.

Os resultados apresentados na figura 2 revelam que o tratamento de controlo, Dieta 1 (linha azul), os alevins alimentados com a dieta de controlo (sem inclusão de polpa de limão) mostraram consistentemente um crescimento progressivo até à 6ª semana, tendo depois aumentado a partir da 7ª semana para ganhar o peso médio mais elevado de 3,5 g na 8ª semana. A dieta 2, representada pela linha vermelha com 2% de polpa de limão, apresenta a taxa de crescimento mais elevada nas primeiras 3 semanas de vida dos alevins. A taxa de crescimento abrandou da 4ª à 8ª semana com um peso médio de 3,20g

Os alevins alimentados com a dieta 3, representada pela linha cinzenta com 4 % de polpa de limão, mostram uma taxa de crescimento progressiva nas primeiras semanas e alcançaram o segundo maior crescimento na semana 7, atrás dos alevins alimentados com a dieta 4, indicando que uma maior inclusão de polpa de limão tende a aumentar o ganho de peso médio na fase posterior dos alevins. Isto sugere que os alevins precisam de alimentos especializados para estabelecer o seu crescimento. A inclusão de alimentos não convencionais como a polpa de limão será mais eficaz na fase juvenil. A dieta 4 com 6 % de polpa de limão é representada pela linha laranja. Este grupo apresentou o crescimento mais lento na fase inicial dos alevins, da 1ª à 3ª semana, tendo depois aumentado progressivamente, atingindo o ganho de peso médio mais elevado de 3,5 g na 7ª semana, o que sugere que o excesso de polpa de limão na fase inicial dos alevins pode ter um impacto negativo no crescimento, potencialmente devido a factores anti-nutricionais ou à redução da palatabilidade.

Quadro 4: Parâmetros de qualidade da água de juvenis *de Clarias gariepinus* alimentados com dietas à base de polpa de limão

Parâmetros	DT1	DT2	DT3	DT4	Valor P
pH	7.4 ± 0.45	7.2 ± 0.35	7.3 ± 0.25	7.4 ± 0.09	0.75
DO	4.6 ± 0.15	4.3 ± 0.05	4.4 ± 0.25	4.5 ± 0.15	0.81
TDS	312 ± 19.75	320 ± 12.50	316 ± 18.00	317 ± 10.50	0.87
CE	664 ± 39.50	659± 22.50	638 ± 38.00	640 ± 20.50	0.63
Temp	26.1 ± 0.55	26.1 ±	26.2 ±	26.3 ±	0.66

	0.29	0.41	0.25

As médias sem sobrescrito não diferem significativamente (P>0,05)

Chave:

pH=potência de hidrogénio	DT1 = dieta com 0% de polpa de limão
OD = oxigénio dissolvido	DT2 = dieta com 2% de polpa de limão
TDS =sólido total dissolvido	DT3 = dieta com 4% de polpa de limão
CE= condutividade eléctrica	DT4 = dieta com 6% de polpa de limão

Temperatura

Para testar a hipótese, foi efectuada uma ANOVA unidirecional para determinar o efeito da inclusão de polpa de limão seca no desempenho do crescimento, na taxa de conversão alimentar (TCA) e nas taxas de sobrevivência dos juvenis *de Clarias gariepinus*. Os níveis de inclusão foram 0% (controlo), 2%, 4% e 6%.

Desempenho de crescimento (ganho de peso):

Não há efeito significativo da polpa de limão seca no ganho de peso, F (3, 36) = 8,45, p > 0,005. O resultado não é estatisticamente significativo, não fornecendo evidência para rejeitar a hipótese nula

Taxa de conversão alimentar (FCR):

O efeito da polpa de limão seca na TCA não foi significativo, F (3, 36) = 6,72, p > 0,005. A TCA foi inferior (indicando uma melhor eficiência) para os níveis de inclusão de 4 % e 6 % em comparação com o grupo de controlo.

Taxas de sobrevivência:

Não se registou qualquer efeito significativo da polpa de limão seca nas taxas de sobrevivência, F (3, 36) = 1,23, p = .315. As taxas de sobrevivência foram semelhantes em todos os níveis de inclusão.

Os resultados sugerem que a inclusão de polpa de limão seca a 4 % e 6 % melhora significativamente o desempenho do crescimento e a eficiência alimentar dos alevins *de Clarias gariepinus*, especialmente na fase de pós-larvas. No entanto, as taxas de sobrevivência não foram afectadas pelo tratamento dietético. Estes resultados indicam o potencial da polpa de limão seca como ingrediente alimentar económico em aquacultura.

Conclusão

Este estudo teve como objetivo avaliar os possíveis efeitos da polpa de limão, obtida como subproduto dos produtores de sumo de laranja, no desempenho do crescimento de juvenis *de Clarias gaiepinus*. Os resultados mostram que não houve diferenças significativas (P>0,05) entre os tratamentos em todos os parâmetros. No entanto, a utilização de polpa de limão como suplemento mineral e vitamínico nas dietas de alevins *de Clarias gariepinus* é encorajadora. No entanto, é necessária mais investigação com níveis de inclusão mais elevados para explorar os seus efeitos nos índices de crescimento em diferentes modelos de peixes.

Referências

Abowei, J.F.N, & Ekubo, A.T. (2011). Uma revisão de alimentos convencionais e não convencionais na nutrição de peixes, *British Journal of Pharmacology and Toxicology,* 2 (4): 179-191.

Adewolu, M. A., Adeniji, C. A., & Adejobi, A. B. (2008). Utilização da ração, crescimento e sobrevivência de alevins de Clarias gariepinus (Burchell, 1822) cultivados em diferentes fotoperíodos. Journal of Fisheries and Aquatic Science, 3(5), 330-336.

Agbabiaka, L. A., Adebayo, M. A., & Fasakin, E. A. (2013). Utilização de resíduos agrícolas como alimento alternativo nas dietas de alevinos de bagre africano (Clarias gariepinus). Jornal de Pescas e Ciências Aquáticas, 8(1), 107-111.

Ahiablame, L. M., & Williams, B. L. (2015). Incorporação de subprodutos agrícolas em rações para aquacultura: Desafios e oportunidades. Aquaculture Nutrition, 21(4), 539-548.

Akinrotimi, O. A., Gabriel, U. U., Owhonda, K. N., Onunkwo, D. N., Opara, J. Y., Anyanwu, P. E., & Cliffe, P. T. (2011). Aquaculture in Nigeria: Practice and potential. Jornal Africano de Investigação Agrícola, 6(27), 5862-5871.

Alvarez-Gonzalez, C. A., Martínez-Llorens, S., García-García, B., Tomás-Vidal, A., & Jover-Cerdá, M. (2020). Subprodutos agrícolas em dietas de aquicultura: Valor nutricional e benefícios ambientais. Aquaculture Research, 51(4), 1187-1195. https://doi.org/10.1111/are.14474

Arthington, J. D., Kunkle, W. E., Martin, A. M., 2002. Polpa de citrinos para alimentação animal. *Vet. Clin. Food Anim.*

Azad, M., Hasan, S., & Chowdhury, F. (2019). Impacto ambiental dos resíduos de citrinos e suas utilizações alternativas. Gestão de Resíduos, 85, 54-62.

Barros, R. R., Moreira, R. F., & Silva, J. R. (2017). O impacto dos taninos na digestibilidade e no desempenho de crescimento dos peixes. Aquaculture, 469, 31-38.

Beccali, M., Cellura, M., Iudicello, M., Mistretta, M., 2010. Avaliação do ciclo de vida dos produtos italianos à base de citrinos. Análise de sensibilidade e cenários de melhoria. *Journal Environmental Management.*

Bondad-Reantaso, M. G., Subasinghe, R. P., Arthur, J. R., Ogawa, K., Chinabut, S., Adlard, R., Tan, Z., & Shariff, M. (2005). Disease and health management in Asian aquaculture (Gestão das doenças e da saúde na aquicultura asiática). Veterinary

Parasitology, 132(3-4), 249-272. https://doi.org/10.1016/j.vetpar.2005.07.005

Bonomo, R. (2009). O papel do ácido cítrico na saúde humana. Journal of Food Science, 74(4), 83-87.

Bostock, J., McAndrew, B., Richards, R., Jauncey, K., Telfer, T., Lorenzen, K., Little, D., Ross, L., Handisyde, N., Gatward, I., & Corner, R. (2010). Aquaculture: Global status and trends. Philosophical Transactions of the Royal Society B: Biological Sciences, 365(1554), 2897-2912. https://doi.org/10.1098/rstb.2010.0170

Boyd, C. E., & McNevin, A. A. (2015). Aquaculture, Resource Use, and the Environment. John Wiley & Sons.

Boyd, C. E., & Tucker, C. S. (2012). Gestão da qualidade da água em aquacultura de lagoas. Springer Science & Business Media.

Bruton, M. N. (1979). The breeding biology and early development of Clarias gariepinus (Clariidae) in Lake Sibaya, South Africa, with a review of breeding in species of the subgenus Clarias. Transactions of the Zoological Society of London, 35(1), 1-45.

Bruton, M. N. (1979). The breeding biology and early development of Clarias gariepinus (Clariidae) in Lake Sibaya, South Africa, with a review of breeding in species of the subgenus Clarias. Transactions of the Zoological Society of London, 35(1), 1-45.

Bureau, D. P., & Cho, C. Y. (2009). Utilização de subprodutos agrícolas em rações para peixes: O caso do farelo de arroz. Aquaculture, 290(1-2), 105-111.

Bureau, D. P., & Cho, C. Y. (2009). Utilização de proteínas vegetais em rações para peixes: Effects of global demand and supplies of fishmeal. Aquaculture, 290(1-2), 111-119.

Chitra, P., et al. (2020). Avaliação nutricional de subprodutos cítricos e sua utilização na alimentação animal. Jornal de Ciência e Pesquisa Animal, 12(3), 45-52.

Cho, C. Y., & Bureau, D. P. (2001). Uma revisão das estratégias de formulação de dietas e sistemas de alimentação para reduzir os resíduos excretórios e alimentares em aquacultura. Aquaculture Research, 32(s1), 349-360.

Chopin, T., Reid, G., & Blancheton, J.-P. (2012). Aquacultura de algas marinhas e sua integração na alimentação de peixes. Journal of Applied Phycology, 24(5), 1187-1196.

Cohen, S. L., & Glencross, B. D. (2009). Farinha de sangue como fonte de proteína em aquacultura. Aquaculture Nutrition, 15(4), 413-420.

Colt, J. (2006). Requisitos de qualidade da água para a aquacultura. Jornal de Biologia Experimental, 9(4), 143-156.

Coltro, L., Mourad, A. L., Kletecke, R. M., Mendonça, T. A., Germer, S. P. M., 2009. Avaliando o perfil ambiental da produção de laranja no Brasil. *International Journal Life Cycle Assess.*

Crawshaw, R., 2004. Co-product feeds: animal feedsfrom the food and drinks industries. NothinghamUniversity Press. https://www.amazon.com/Co-Product-Feeds-Animal-Drinks-Industries/d /1897676352

Davis, P. H., & Richards, R. (1987). Flora of Turkey and the East Aegean Islands. Volume 10: Rutaceae - Citrus. Edinburgh University Press.

El-Sayed, A. M. (2020). Cultura de Tilápia. Imprensa Académica.

Fagbenro, O. A., & Adebayo, O. T. (2005). A review of the animal and aquafeed industries in Nigeria. Documento de trabalho do WorldFish Center, 1823, 15-22.

FAO (2021). Estatísticas mundiais de produção e consumo de citrinos. Organização das Nações Unidas para a Alimentação e a Agricultura. Recuperado de: https://www.fao.org

FAO. (2021). Manuseamento e Armazenamento Pós-Colheita de Frutas e Vegetais: Improving Food Security and Reducing

Waste (Melhorar a segurança alimentar e reduzir o desperdício). Organização das Nações Unidas para a Alimentação e a Agricultura.

FAO. (2022). Programa de Informação sobre Espécies Aquáticas Cultivadas: Clarias gariepinus. Organização das Nações Unidas para a Alimentação e a Agricultura.

FAO. (2022). O Estado Mundial da Pesca e da Aquicultura 2022. Organização das Nações Unidas para a Alimentação e a Agricultura.

Finkelstein, A., Muir, J., & Russell, W. (2018). Microalgas como ingrediente alimentar alternativo para a aquicultura: Valor nutricional e viabilidade. Aquaculture Research, 49(7), 2143-2153.

Organização das Nações Unidas para a Alimentação e a Agricultura, (2010). Departamento de Pescas e Aquicultura Organização das Nações Unidas para a Alimentação e a Agricultura. O Estado Mundial das Pescas e da Aquicultura.

Francis, G., Makkar, H. P., & Becker, K. (2017). Algas marinhas como suplemento alimentar para peixes de viveiro. Aquaculture Research, 48(1), 6-17.

Gabriel, U.U., Akinrotimi, O.A., Bekibele, D.O, Onunkwo, D.N, & Anyanwu, P.E., (2007). Ração para peixes produzida localmente, potencial para o desenvolvimento da aquacultura na África subsaariana. *Jornal Africano de Investigação Agrícola* 297; 287-295. Doi: 10.5897/AJAR.

Gatlin, D. M. (2002). Nutrição e saúde dos peixes. Em J. E. Halver & R. W. Hardy (Eds.), Fish Nutrition (pp. 671-702). Academic Press.

Gatlin, D. M., Barrows, F. T., & Brown, P. (2007). Suplementação de fitase na nutrição de peixes: A review. Aquaculture Nutrition, 13(2), 151-163.

Gatlin, D. M., Barrows, F. T., Brown, P., Dabrowski, K., Gaylord, T. G., Hardy, R. W., Herman, E., Hu, G., Krogdahl, Å, Nelson, R., Overturf, K., Rust, M., Sealey, W., Skonberg, D., Souza, E. J., Stone, D., Wilson, R., & Wurtele, E. (2007). Expandindo a utilização de produtos vegetais sustentáveis em rações aquáticas: A review. Aquaculture Research, 38(6), 551-579. https://doi.org/10.1111/j.1365-2109.2007.01704.

Ghasemi, K., Ghasemi, Y., e Ehteshamnia, A. (2017). "Compostos nutricionais e bioativos em frutas cítricas". Food Chemistry, 225, 33-43.

Gmitter, F. G., & Hu, X. (2009). Citrinos. In: Genetics and Improvement of Fruits and Nuts, Springer, 119-140.

Goetz, P. Citrus limon (L.) Burm. f. (Rutacées). Citronnier.

Phytotherapie 2014.

Goff, A. J. (2019). Farinha de insectos em dietas de aquacultura: Uma revisão dos benefícios nutricionais e da viabilidade económica. Aquaculture Nutrition, 25(1), 1-11.

Gómez, J. A., Martínez, C., & Romero, A. (2018). Degradação do solo e práticas de conservação em pomares de citros. Pesquisa de solo e lavoura, 184, 58-65.

Goudeau, D., Uratsu, S. L., Inoue, K., daSilva, F. G., Leslie, A., Cook, D., Reagan, L. e Dandekar, A. M. (2008). Afinando a orquestra: Selective gene regulation and orange fruit quality, *Plant Science*

Grant, E., 2007. O mundo dos citrinos. Angus Journal, fevereiro de 2007

Halver, J. E., & Hardy, R. W. (2002). Fish Nutrition (3ª ed.). Academic Press.

Hardy, R. W. (2010). Utilização de proteínas vegetais em dietas para peixes: Effects of global demand and supplies of fishmeal. Aquaculture Research, 41(5), 770-776.

Hassaan, M. S., Soltan, M. A., & El-Haroun, E. R. (2021). Influência da polpa de limão na dieta no desempenho de crescimento, utilização de nutrientes e resposta imune da tilápia do Nilo (Oreochromis niloticus). Aquaculture Nutrition, 27(2), 556-565.

Hassan, M. A., Dalia, F. R., & Shreif, M. M. (2018). O papel da fermentação no aumento da qualidade nutricional e biodisponibilidade da polpa de limão. Ciência e Tecnologia de Alimentos, 60(3), 700-708.

Hassan, M. M., Siddique, S., & Khan, M. I. (2020). Gestão de resíduos de limão: Usos sustentáveis e considerações ambientais. Journal of Cleaner Production, 263, 121377.

Henry, M., Gasco, L., Piccolo, G., & Fountoulaki, E. (2015). Farinha de insetos como fonte de proteína para a aquicultura: A review. Aquaculture Nutrition, 21(6), 537-557.

Herrero, M., Pérez, P., & González, A. (2020). Avaliação da pegada de carbono da produção de citrinos: O caso do limão em Espanha. Environmental Science & Technology, 54(11), 7012-7021.

Houlihan, D., Bouiard, T., & Jobling, M. (2001). Food Intake in Fish. 2001 eds. Iowa State University Press. Blackwell Science Ltd. 418 pp.

Huisman, E. A., & Richter, C. J. J. (1987). Reprodução, crescimento e produção do peixe-gato africano, Clarias gariepinus (Burchell 1822). Aquaculture, 63(1-4), 1-14.

Iheanacho, S.C., Ogunji, J.O., Ogueji, E.O., Nwuba, L.A., Nnatuanya, I.O., Ochang, S.N., Mbah, C.E., Usman, I.B., & Haruna, M. (2017). Avaliação comparativa dos efeitos do antibiótico ampicilina e gengibre (*Zingiber officinale*) no crescimento, hematologia e enzimas bioquímicas de *Clarias gariepinus* Juvenil. *Journal of Pharmacognosy and Phytochemistry*. 6(3): 761-767.

Izquierdo, M. S., Fernández-Palacios, H., & Tacon, A. G. J. (2001). Effect of broodstock nutrition on reproductive performance of fish. Aquaculture, 197(1-4), 25-42.

Jayanegara, A., Rukmini, D., & Intani, S. (2015). Avaliação do uso de polpa de limão na alimentação animal. Animal Feed Science and Technology, 204(1), 71-79.

Kunkle, W. E., Stewart, R. L. e Brown, W. F. 2001. Using by-product feeds in beef supplementation programs. EDIS doc. AN 101, Florida Coop. Ext. Service. Univ. da Flórida, Gainesville.

Lanza, M., Priolo, A., Biondi, L., Bella, M. e Ben Salem, H. 2001. Substituição de grãos de cereais por polpa de laranja e polpa de alfarroba em dietas à base de fava alimentadas a cordeiros: efeitos no desempenho do crescimento e na qualidade da carne. Investigação Animal

Licht, F. O., 2010. A produção mundial de polpa cítrica permanecerá abaixo de 2 milhões de toneladas. World Molasses & Feed Ingredients Report, 1 de dezembro de 2010,

López, A., Rodríguez, M., & García, R. (2013). Propriedades nutricionais e funcionais da polpa de limão e sua aplicação em nutrição animal. Journal of Agricultural and Food Chemistry, 61(27), 6490-6495.

Mabberley, D.J. Citrus (Rutaceae): A review of recent advances in etymology, systematics and medical applications. Blumea J. Plant Taxon. Plant Geogr. 2004

Makkar, H. P., Francis, G., & Becker, K. (2017). Saponinas na nutrição de peixes: Efeitos e métodos de desintoxicação. Aquaculture Nutrition, 23(4), 875-884.

Makkar, H. P., Francis, G., & Becker, K. (2017). Saponinas na nutrição de peixes: Efeitos e métodos de desintoxicação. Aquaculture Nutrition, 23(4), 875-884.

Maraschin, M., Carvalho, A., & Rego, P. (2007). O potencial de utilização da polpa cítrica na alimentação animal: Benefícios nutricionais e funcionais. Ciência e Tecnologia da Alimentação Animal, 136(1-2), 101-110.

Méndez, L., Martínez-Casillas, C., & Vargas, R. (2020). Uso da água na citricultura: Desafios e soluções. Agricultural Water Management, 230, 105937.

Miranda, A., & Costa, A. (2014). Reciclagem de resíduos alimentares para alimentação de peixes: A review of progress and challenges. Aquaculture Research, 45(7), 1447-1456.

Morton, J. F. (1987). Fruits of Warm Climates (Frutas de climas quentes). Creative Resources, Inc.

Müller, M., Pérez, A., & López, C. (2020). Uso de subprodutos cítricos na nutrição animal: A review. Jornal de Ciência e Tecnologia Animal, 62(4), 95-102.

Musa, S. O., Akinrotimi, O. A., & Onunkwo, D. N. (2010). The role of fish in the nutrition and livelihoods of families in Nigeria (O papel do peixe na nutrição e nos meios de subsistência das famílias na Nigéria). Revista Internacional de Produção Animal, 1(1), 1-5.

Conselho Nacional de Investigação (NRC). (2011). Nutrient Requirements of Fish and Shrimp (Necessidades de nutrientes de peixes e camarões). Imprensa das Academias Nacionais, Washington, DC.

Nayak, M., Shankar, S., & Kumar, P. (2016). Gestão da água na cultura de citrinos e seu impacto na sustentabilidade. Revista

Internacional de Recursos Hídricos e Engenharia Ambiental, 8(6), 104-115.

Naylor, R. L., Hardy, R. W., Buschmann, A. H., Bush, S. R., Cao, L., Klinger, D. H., Little, D. C., Lubchenco, J., Shumway, S. E., & Troell, M. (2021). Uma revisão retrospetiva de 20 anos da aquicultura global. Nature, 591(7851), 551-563. https://doi.org/10.1038/s41586-021-03308-6

Newton, G. L., Booram, C. V., Knoop, R. L., & Yoder, J. L. (2005). The use of black soldier fly larvae as a feed ingredient in aquaculture. Aquaculture, 259(1-4), 169-172.

NRC. (2011). Nutrient Requirements of Fish and Shrimp (Necessidades de nutrientes de peixes e camarões). Imprensa das Academias Nacionais.

Ogunlade, I. (2007) Backyard Fish Farmers Information needs in Osun State, Nigeria. Actas da Conferência AAAE (2007) 165-169

Oliveira, L. G., Chaves, G. D., & Lamas, R. A. (2020). Desintoxicação de taninos em dietas para peixes: Uma revisão de métodos e seus impactos. Nutrição em Aquacultura, 26(1), 139-147.

Oliveira, L. G., Ribeiro, L. F., & Chaves, G. D. (2018). Efeitos das saponinas na saúde dos peixes e métodos de redução nos ingredientes da ração. Journal of Fish Biology, 92(6), 1459-1471.

Orire, A.M, & Ricketts, O.A. (2013). Utilização da casca de melão como fonte de energia dietética na dieta da Tilápia do Nilo (*Oreochromis niloticus*) *International Journal of Engineering and Science* 2 (4) 05-11.

Parker, R., Hughes, D., & Ross, G. (2018). Resíduos alimentares como ingrediente de ração: Aplicações potenciais na aquicultura. Jornal de Investigação e Desenvolvimento em Aquacultura, 9(1), 140.

Parvez, M. A., & Sohaib, M. (2021). Limão e seus potenciais benefícios para a saúde: Uma revisão. Journal of Food Biochemistry, 45(1), e13291.

Peña, J., Garcia, L., & Barranco, D. (2021). Manejo de pragas na citricultura: Uma revisão das práticas actuais e implicações ambientais. Jornal de Ciência das Pragas, 94(1), 15-28.

Rahman, M. M., Islam, M. S., & Hossain, M. M. (2015). Impacto das lectinas na nutrição e crescimento dos peixes: A review of detoxification methods. Aquaculture Research, 46(9), 2202-2210.

Ravindran, V. (2013). Fitato na nutrição de peixes: Impacto da suplementação com fitase. Aquaculture, 380, 62-70.

Ribal, J.; Sanjuan, N.; Clemente, G.; Fenollosa, M. L., 2009. Medição da ecoeficiência na produção agrícola. Um estudo de caso sobre a produção de limoeiros. Economia Agrária e Recursos Naturais,

Rihani, N., 1991. Valeur alimentaire et utilisation des sous-produits des agrumes en alimentation animale. Options Méditerranéennes, Série Séminaires

Ringø, E., Olsen, R. E., Vecino, J. G., et al. (2010). Utilização de imunoestimulantes e nucleótidos em aquacultura: A review. Journal of Marine Science: Investigação e Desenvolvimento, 1(1), 1-22.

Robinson, E. H., Li, M. H., & Shulz, A. (2015). Necessidades nutricionais dos peixes e estratégias práticas de alimentação. Aquaculture Nutrition, 21(1), 69-84.

Saleh, R. M., Younis, M. M., & Soliman, M. M. (2017). Avaliação de subprodutos de limão em dietas para peixes: Impacto no custo da ração e no desempenho de crescimento de Oreochromis niloticus. Jornal Egípcio de Biologia Aquática e Pescas, 21(3), 65-75.

Sampath, K., Mohan, C. V., & Anand, A. (2019). Efeito do tratamento térmico na atividade inibidora da protease e na qualidade nutricional da farinha de soja na alimentação dos peixes. Aquaculture Research, 50(3), 960-968.

Sanchez, M., Garcia, A., & Nolasco, H. (2017). Algas em aquacultura: Produção e uso na alimentação. Journal of Applied Phycology, 29(5), 1529-1536.

Sargent, J. R., Tocher, D. R., & Bell, J. G. (2002). Os lípidos. Em J. E. Halver & R. W. Hardy (Eds.), Fish Nutrition (pp. 181-257). Academic Press.

Sharma, K., Mahato, N., Cho, M.H., e Lee, Y.R. (2019). Subprodutos cítricos: Fonte valiosa de compostos bioativos para Aplicações alimentares. Jornal de Ciência e Tecnologia de Alimentos, 56(1), 361-370. Springer. Disponível em: SpringerLink.

Sharma, S., Patel, A., & Gupta, A. (2019). Composição nutricional e compostos bioativos na polpa de limão processada. Food Research International, 116, 279-288.

Simon, J. E., & Waller, G. R. (1984). Lemon and Other Citrus Fruits (Limão e outros citrinos). Horticultural Reviews, 6, 299-348.

Simonne, E., Jordan, M., & Morgan, K. (2020). Impacto do uso de fertilizantes e pesticidas na agricultura de citros no meio ambiente. Horticultura, 6(4), 103.

Slavin, J. L. (2013). Fibra dietética e regulação do peso corporal. Nutrição, 5(6), 1417-1435.

Steven C., & Louis, A. H. (2002). Compreendendo a Nutrição de Peixes, Rações e Alimentação.

Stickney, R. R. (2000). Principles of Aquaculture. John Wiley & Sons.

Tacon, A. G. J. (1990). Standard Methods for the Nutrition and Feeding of Farmed Fish and Shrimp (Métodos Padrão para a Nutrição e Alimentação de Peixes e Camarões de Criação). Argent Laboratories Press.

Tacon, A. G. J., & Metian, M. (2015). A alimentação é importante: Satisfazer a procura de alimentos para animais na aquacultura. Revisões em Ciências da Pesca e Aquacultura, 23(1), 1-10.

Tanin, K., Rhee, K., & Jung, H. (2020). Secagem por spray de polpa cítrica e suas potenciais aplicações em produtos alimentícios funcionais. Food Research Journal, 42(1), 32-40.

Teugels, G. G. (1986). Uma revisão sistemática das espécies africanas do género Clarias (Pisces, Clariidae). Annales Sciences Zoologiques, 247, 1-199.

Tsevis, A.A., & Azzaydi, T.A. (2000). Efeito do regime alimentar em espécies selecionadas de peixes. Publicação de artigo da FISON, Fev., 2000. Site da Ágora.

Base de dados nacional de nutrientes do USDA (2020). Limão, cru, com casca. Base de dados nacional de nutrientes para referência padrão. Recuperado de: https://fdc.nal.usda.gov

USDA-FAS, 2010. Citrinos: Mercados e comércio mundiais. Atualização de Citrinos de julho de 2010. Serviço de Agricultura Estrangeira - USDA

Wang, X., Wu, G., & Yang, J. (2015). Fermentação e desintoxicação de factores anti-nutricionais na farinha de soja para alimentação de peixes. Aquaculture, 446, 108-115.

Wilson, R. P. (1994). Utilização dos hidratos de carbono da dieta pelos peixes. Aquaculture, 124(1-4), 67-80.

Wilson, R. P. (2002). Aminoácidos e proteínas. Em J. E. Halver & R. W. Hardy (Eds.), Fish Nutrition (pp. 143-179). Academic Press.

Yuan, J., Liu, W., & Li, M. (2019). Efeito dos inibidores de protease da farinha de soja na digestão e crescimento dos peixes. Aquaculture, 505, 158-165.

Yuan, Z., Zhang, Z., & Zhou, Y. (2020). Alcalóides em dietas de aquacultura: Efeitos toxicológicos e métodos de desintoxicação. Aquaculture Research, 51(9), 1-10.

Zahran, E., Risha, E., & Abdelhamid, A. M. (2018). Potencial de subprodutos cítricos como aditivos alimentares funcionais na aquicultura. Fisiologia e Bioquímica de Peixes, 44(2), 451-462.

Zhao, L., Xu, X., & Wang, Z. (2015). Utilização de subprodutos animais em dietas de aquacultura: Benefícios e limitações. Aquaculture Research, 46(7), 1762-1772.

Zhao, L., Zhang, H., & Wang, Y. (2016). Reduzindo a toxicidade dos alcalóides em alimentos para peixes usando técnicas de processamento. Journal of Fish Nutrition, 18(2), 124-131.

Printed by Books on Demand GmbH, Norderstedt / Germany